绿色发展通识丛书

GENERAL BOOKS OF GREEN DEVELOPMENT

食物主权与生态女性主义

［法］里奥奈尔·阿斯特吕克／著

王存苗／译

中国文联出版社

http://www.clapnet.cn

图书在版编目（ＣＩＰ）数据

食物主权与生态女性主义 / (法) 里奥奈尔·阿斯特
吕克著；王存苗译. -- 北京：中国文联出版社，
2020.11
（绿色发展通识丛书）
ISBN 978-7-5190-4380-3

Ⅰ. ①食… Ⅱ. ①里… ②王… Ⅲ. ①生态环境保护
－研究 Ⅳ. ①X171.4

中国版本图书馆CIP数据核字(2020)第212723号

著作权合同登记号：图字01-2018-0825

Originally published in France as:
Vandana Shiva,Pour une désobéissance créatrice by Lionel Astruc & Vandana Shiva
© Actes Sud,France 2014
Current Chinese language translation rights arranged through Divas International, Paris ／ 巴
黎迪法国际版权代理

食物主权与生态女性主义
SHIWU ZHUQUAN YU SHENGTAI NIUXING ZHUYI

作　者：[法] 里奥奈尔·阿斯特吕克
译　者：王存苗

责任编辑：蒋爱民　贺　希
责任译校：黄黎娜
封面设计：谭　锴

终审人：朱　庆
复审人：闫　翔
责任校对：谢　宁
责任印制：陈　晨

出版发行：中国文联出版社
地　址：北京市朝阳区农展馆南里10号，100125
电　话：010-85923076（咨询）85923092（编务）85923020（邮购）
传　真：010-85923000（总编室），010-85923020（发行部）
网　址：http://www.clapnet.cn　　http://www.claplus.cn
E-mail：clap@clapnet.cn　　hex@clapnet.cn

印　刷：中煤（北京）印务有限公司
装　订：中煤（北京）印务有限公司
本书如有破损、缺页、装订错误，请与本社联系调换

开　本：720 × 1010　　1/16
字　数：128千字
版　次：2020年11月第1版
书　号：ISBN 978-7-5190-4380-3
定　价：46.00元
印　张：15.25
印　次：2020年11月第1次印刷

"绿色发展通识丛书"总序一

洛朗·法比尤斯

1862 年，维克多·雨果写道："如果自然是天意，那么社会则是人为。"这不仅仅是一句简单的箴言，更是一声有力的号召，警醒所有政治家和公民，面对地球家园和子孙后代，他们能享有的权利，以及必须履行的义务。自然提供物质财富，社会则提供社会、道德和经济财富。前者应由后者来捍卫。

我有幸担任巴黎气候大会（COP21）的主席。大会于 2015年 12 月落幕，并达成了一项协定，而中国的批准使这项协议变得更加有力。我们应为此祝贺，并心怀希望，因为地球的未来很大程度上受到中国的影响。对环境的关心跨越了各个学科，关乎生活的各个领域，并超越了差异。这是一种价值观，更是一种意识，需要将之唤醒、进行培养并加以维系。

四十年来（或者说第一次石油危机以来），法国出现、形成并发展了自己的环境思想。今天，公民的生态意识越来越强。众多环境组织和优秀作品推动了改变的进程，并促使创新的公共政策得到落实。法国愿成为环保之路的先行者。

2016 年"中法环境月"之际，法国驻华大使馆采取了一系列措施，推动环境类书籍的出版。使馆为年轻译者组织环境主题翻译培训之后，又制作了一本书目手册，收录了法国思想界最具代表性的 33 本书籍，以供译成中文。

中国立即做出了响应。得益于中国文联出版社的积极参与，"绿色发展通识丛书"将在中国出版。丛书汇集了 33 本非虚构类作品，代表了法国对生态和环境的分析和思考。

让我们翻译、阅读并倾听这些记者、科学家、学者、政治家、哲学家和相关专家：因为他们有话要说。正因如此，我要感谢中国文联出版社，使他们的声音得以在中国传播。

中法两国受到同样信念的鼓舞，将为我们的未来尽一切努力。我衷心呼吁，继续深化这一合作，保卫我们共同的家园。

如果你心怀他人，那么这一信念将不可撼动。地球是一份馈赠和宝藏，她从不理应属于我们，她需要我们去珍惜、去与远友近邻分享、去向子孙后代传承。

2017 年 7 月 5 日

（作者为法国著名政治家，现任法国宪法委员会主席、原巴黎气候变化大会主席，曾任法国政府总理、法国国民议会议长、法国社会党第一书记、法国经济财政和工业部部长、法国外交部部长）

"绿色发展通识丛书"总序二

万钢

习近平总书记在中共十九大上明确提出，建设生态文明是中华民族永续发展的千年大计。必须树立和践行绿水青山就是金山银山的理念坚持节约资源和保护环境的基本国策，像对待生命一样对待生态环境。我们要建设的现代化是人与自然和谐共生的现代化，既要创造更多物质财富和精神财富以满足人民日益增长的美好生活需要，也要提供更多优质生态产品以满足人民日益增长的优美生态环境需要。近年来，我国生态文明建设成效显著，绿色发展理念在神州大地不断深入人心，建设美丽中国已经成为13亿中国人的热切期盼和共同行动。

创新是引领发展的第一动力，科技创新为生态文明和美丽中国建设提供了重要支撑。多年来，经过科技界和广大科技工作者的不懈努力，我国资源环境领域的科技创新取得了长足进步，以科技手段为解决国家发展面临的瓶颈制约和人民群众关切的实际问题作出了重要贡献。太阳能光伏、风电、新能源汽车等产业的技术和规模位居世界前列，大气、水、土壤污染的治理能力和水平也有了明显提高。生态环保领域科学普及的深度和广度不断拓展，有力推动了全社会加快形成绿色、可持续的生产方式和消费模式。

推动绿色发展是构建人类命运共同体的重要内容。近年来，中国积极引导应对气候变化国际合作，得到了国际社会的广泛认同，成为全球生态文明建设的重要参与者、贡献者和引领者。这套"绿色发展通识丛书"的出版，得益于中法两国相关部门的大力支持和推动。第一辑出版的33种图书，包括法国科学家、政治家、哲学家关于生态环境的思考。后续还将陆续出版由中国的专家学者编写的生态环保、可持续发展等方面图书。特别要出版一批面向中国青少年的绘本类生态环保图书，把绿色发展的理念深深植根于广大青少年的教育之中，让"人与自然和谐共生"成为中华民族思想文化传承的重要内容。

　　科学技术的发展深刻地改变了人类对自然的认识，即使在科技创新迅猛发展的今天，我们仍然要思考和回答历史上先贤们曾经提出的人与自然关系问题。正在孕育兴起的新一轮科技革命和产业变革将为认识人类自身和探求自然奥秘提供新的手段和工具，如何更好地让人与自然和谐共生，我们将依靠科学技术的力量去寻找更多新的答案。

2017 年 10 月 25 日

　　（作者为十二届全国政协副主席，致公党中央主席，科学技术部部长，中国科学技术协会主席）

"绿色发展通识丛书"总序三

铁凝

这套由中国文联出版社策划的"绿色发展通识丛书",从法国数十家出版机构引进版权并翻译成中文出版,内容包括记者、科学家、学者、政治家、哲学家和各领域的专家关于生态环境的独到思考。丛书内涵丰富亦有规模,是文联出版人践行社会责任,倡导绿色发展,推介国际环境治理先进经验,提升国人环保意识的一次有益实践。首批出版的33种图书得到了法国驻华大使馆、中国文学艺术基金会和社会各界的支持。诸位译者在共同理念的感召下辛勤工作,使中译本得以顺利面世。

中华民族"天人合一"的传统理念、人与自然和谐相处的当代追求,是我们尊重自然、顺应自然、保护自然的思想基础。在今天,"绿色发展"已经成为中国国家战略的"五大发展理念"之一。中国国家主席习近平关于"绿水青山就是金山银山"等一系列论述,关于人与自然构成"生命共同体"的思想,深刻阐释了建设生态文明是关系人民福祉、关系民族未来、造福子孙后代的大计。"绿色发展通识丛书"既表达了作者们对生态环境的分析和思考,也呼应了"绿水青山就是金山银山"的绿色发展理念。我相信,这一系列图书的出版对呼唤全民生态文明意识,推动绿色发展方式和生活方式具有十分积极的意义。

20世纪美国自然文学作家亨利·贝斯顿曾说："支撑人类生活的那些诸如尊严、美丽及诗意的古老价值就是出自大自然的灵感。它们产生于自然世界的神秘与美丽。"长期以来，为了让天更蓝、山更绿、水更清、环境更优美，为了自然和人类这互为依存的生命共同体更加健康、更加富有尊严，中国一大批文艺家发挥社会公众人物的影响力、感召力，积极投身生态文明公益事业，以自身行动引领公众善待大自然和珍爱环境的生活方式。藉此"绿色发展通识丛书"出版之际，期待我们的作家、艺术家进一步积极投身多种形式的生态文明公益活动，自觉推动全社会形成绿色发展方式和生活方式，推动"绿色发展"理念成为"地球村"的共同实践，为保护我们共同的家园做出贡献。

　　中华文化源远流长，世界文明同理连枝，文明因交流而多彩，文明因互鉴而丰富。在"绿色发展通识丛书"出版之际，更希望文联出版人进一步参与中法文化交流和国际文化交流与传播，扩展出版人的视野，围绕破解包括气候变化在内的人类共同难题，把中华文化中具有当代价值和世界意义的思想资源发掘出来，传播出去，为构建人类文明共同体、推进人类文明的发展进步做出应有的贡献。

　　珍重地球家园，机智而有效地扼制环境危机的脚步，是人类社会的共同事业。如果地球家园真正的美来自一种持续感，一种深层的生态感，一个自然有序的世界，一种整体共生的优雅，就让我们以此共勉。

2017 年 8 月 24 日

（作者为中国文学艺术界联合会主席、中国作家协会主席）

献给我的尼娜

——穿蓬蓬裙的生态女性主义者

目录

序一

　　与范达娜·席娃的初次见面，给我的感觉无异于一场冷水浴。2010 年 4 月的一个早晨，一起备受印度各大媒体关注的案件在法庭开审，我去诉讼现场找她。她接待了我，却草草了事，毫无热情可言，对我们的时间安排也明显表现出不屑一顾，这些都着实令我恼火。每天，提前约好的会面时间到了，可她不是缺席，就是让我眼睁睁地看着她突然跳上一辆车的后座，不辞而别。有时，半个钟头后，我会看见她出现在电视屏幕上。她坐在美国有线电视台的演播室里，身着纱丽，傲然自信，尊贵完美，用坚定果敢的眼神与人对话，用不容辩驳的思维展开言论。三天就这样过去了，我扬言要回法国，以此相激。她沉默了一会儿，然后就有了很大的转变。原来这位女士喜欢率真直爽，最恨殷勤客套。自此以后，我们的关系越来越融洽，并随着一次又一次的会面，逐渐建立了友谊。

　　先前的误会在接下来的相处过程中也逐渐化解。原来，近些年印度的环保事业已演变成一场前所未有的激烈冲突。多少村庄灰飞烟灭，多少绑架案件突发惊现，多少民众流离失所，备受煎熬。在德里，席娃的办公室犹如一座堡垒森严的兵营，杜绝一切社交活动，无事闲聊更是严令禁止。印度中部上演的原料之战，已导致成千上万人丧生。偏西部地区的产棉带上，每年都会掀起一轮新的自杀狂潮，且自杀人数逐年递增（1995年至2012年间，死亡人数超过284000人）。他们是一群债务累累、不堪重负的农民，通常会选择服用农药的方式来结束自己的生命，而这些农药正是让他们破产的罪魁祸首。席娃实实在在的日常工作，就是全力以赴地投入一场战斗，一场以遭受掠夺的土地公顷数、被剥夺所有权或破产的家庭数乃至人类生命的数量来计时的战斗。席娃每一年的失利，都意味着游说集团的获益，都意味着在气候反常、资源耗尽、生物多样性遭破坏等诸多问题上，我们离那条不归路又近了一步。

席娃事务繁忙，宣讲、诉讼、游行，一场接一场。两场间隙，她不是在飞机上、火车里，就是在生态中心的露台上，手捧茶盏小憩片刻。而这时，我都会坐在她身旁，她也不再感到惊讶。采访前，她用嗔怪的眼神抱怨我占用她太多时间，却又对我会心一笑，热诚相迎。她做好了准备倾听我的问题，对话在愉快的气氛中展开：生活、家庭、事业、政治，她知无不言，言无不尽。亲爱的读者们，愿你们同我一样，也能感受到这位不同寻常的名士那令人折服的非凡魅力。

食物主权与农业生态学

范达娜·席娃呼吁人们在种子问题上顽强抵抗、绝不屈从。她提到，从20世纪60年代中期起，印度这片土地被公认为"绿色革命"的最佳试验点。然而，这场革命的一大恶果，就是市场掌控权集中在少数几家种子公司的手中。这一局面着实令席娃担忧。她提出可行方案：践行生态农业，重夺食物主权。我能够将这场战斗置于一个更加广阔的历史背景下，让人们意识到其意义重大，这完全得益于我与席娃和阿斯特鲁克二人建立的友谊。

农业起源于近一万一千年前，从那时起，农民们就开始了对农作物的驯化。一季又一季的收获，让农民们学会了如何对作物物种进行人工筛选，也让他们明白这是一项时间跨度较大且进展缓慢的工作。他们在当季最佳标本中进行筛选，留存最好的种子，待下一次播种时使用。就是在这样的过程中，逐渐地选择出了生命力最强、最能适应周围环境、营养最丰富的作物。人工筛选加速了自然选择的过程；在选择作物物种时，优先考虑的，是物种所具备的、被公认为对人类最有利的优良特性。人工筛选，也正是在此意义上，在自然选择过程中起导向作用。

然而，20世纪初，一切都变了。在那个时代，作物物种的培育工作与农民的劳动开始有了分化。一些专门研究育种工作的公司诞生了，如今的种子公司就是这样发展而来的。随着时间的推移，这些公司不断开发新技术，如DNA标记辅助育种和杂交育种。前者，能在整个择种过程的初期，对大量作物进行快速筛选，这大大节省了在培育新品种环节上所花费的时间；后者，是一项将多个物种的基因特性进行组合的技术。自20世纪20年代起，富国的农民们开始买种，自己不再留种，他们时而购买商业公司的种子产品，时而采用公共研究的成果。这种劳动分工节约了宝贵的时间，便因此被视为农业工业化漫长过程中的一个必经之路。在那样一个农村人口加速流入城市的年代，这种分工现象在所有人眼中似乎都代表着时代进步的方向。

一个世纪过去了，随着工业化国家的发展模式逐渐扩大到发展中国家，新的问题产生了。最亟待解决的问题之一，便是农业生产的控制权集中在为数不多的几家种子公司手中。将作物物种的改良工作交由私企负责的这种模式，越来越占据主导地位，且似乎是通过一种机制效应造成了权力的过分集中：农学研究成本高昂，不一定会出成果，却需要大量的投资和随时可用的庞大基因储备。研究受到鼓励，可以凭借研究成果申请知识产权，做农学研究的公司是承认知识产权的，但只有那些实力最雄厚的种子公司才能给出研究所需的投资类型，并获得必不可少的鉴定书。在市场上，公司的规模大，就是一个具有决定性的优势。2008 年，十大种子公司在全球的市场份额高达 67%；世界头号种子公司孟山都就独占了 23%，玉米种子市场的占有率达 65%，大豆种子市场占有率也在一半以上。此外，种子公司对其研发出来的产品所拥有的各项权利，通过一系列的多边协定或双边协定的签署，逐渐得到巩固。在国际植物新品种保护联盟的支持下，《国际植物新品种保护公约》得以建立。该公约于 1968 年正式生效，之后历经多次修订，而每一次修订，都是为了进一步保护植物新品种发明者的权利，在对植物新品种的保护方面起到了决定性的作用。

如今，发展中国家大多数是小农经济，仍然依赖以农民为主体的育种系统。而发达国家工业化农业所发展起来的新的育种模式在全球范围内的推广，对前者构成了威胁。在小农原有的育种系统中，每回收割过后，种子都保存下来，等待下一次播种；有时，相邻的农民间会互相交换自留种，或以明显低于种子公司的价格有偿出售。这样的育种系统，起到了至关重要的作用：它促进了农业的多样性发展，也就是说促进了传统品种的逐步发展，这些传统品种通常能很好地适应它们所处的农业生态环境。这样的育种系统，还使农民能够获得比种子公司提供的改良型产品更能满足他们需求的种子，且价格低廉、依赖性小、负债风险低。然而，现代育种系统的扩张，威胁着原有系统，使其陷入难以维持的境地：一方面，农民筛选出来的自留种，无法像商业化的作物品种那样，凭借知识产权受到保护；另一方面，种子生产和销售的工业化模式的兴起，往往是通过一些法规的制定实现的，而这些法规，禁止那些未列入政府官方目录的种子向外散播。

如今，此种境地的危险之处，得到了越来越广泛的认同。2001 年，旨在缓解遗传资源私有化冲击的《粮食和农业植物遗传资源国际条约》正式签署，2004 年生效。这是一个在诸多方面都具有革命性的条约。为了抵御生物剽窃的发生，1992 年的《生物多样性公约》将遗传资源视为其所在国家的所有物。而《粮食和农业植物遗传资源国际条约》则与《生物多样性公约》制定时的逻辑相背离，接受了与之相反的一个观点，即认为粮食和农业以及所有植物物种的遗传资源都是全球公共财产，每个国家均可拿来为本国或他国所用，以促进农学研究的发展。此外，《粮食和农业植物遗传资源国际条约》承认了农民对农业多样性所做的贡献①，甚至明确了农民的各项权利，包括粮食和农业植物遗传资源传统知识应受保护的权利、对粮食和农业植物遗传资源所产生的利益有公平参与分享的权利、就粮食和农业植物遗传资源的保存及可持续利用问题参与国家级决策的权利（第9.2条）。

但这还不够。农民所谓的权利仍然从属于国家的意志，《粮食和农业植物遗传资源国际条约》第9条的实施力度依然不够大。且此条中所述农民的权利，在得不到保障的情况下，有很多都是无法声讨的。因此，在"农民之路"这一国际运动的倡议下，联合国人权委员会政府间工作组自2013年就开始讨论并草拟《关于农民和农村地区其他劳动者权利宣言》，引起了广泛的关注。此宣言草案第5条内容就涉及与种子相关的权利。这一条，开头就点明，"农民有依照自己的意愿选择种子的权利"，以及"拒绝使用自认为对经济、生态或文化构成危险的作物品种"的权利，即"摒弃工业化农业模式"（第1款和第3款）权利的具体体现。此外，还声明"农民有权耕种、开发他们自己的品种，并有权交换、给予或出售他们的种子"

---

① 参见《粮食和农业植物遗传资源国际条约》第9.1条：各缔约方承认世界各地区的当地社区民众、土著社区民众和农民，尤其是原产地中心和作物多样性中心的农民，对构成全世界粮食和农业生产基础的植物遗传资源的保存和开发业已做出并将继续做出巨大的贡献。

（第8款）。此宣言以这种方式明确了保护传统育种系统的必要性。

这些国际机构的举措所能起到的远期影响还有待核实。除此之外，为另辟蹊径取代现有主导模式，社会创新也踏上了蓬勃发展之路。顽强抵抗的阵地便这样出现了。席娃创建种子库正是基于这样一种展望：要通过促进农民间的种子交换活动，让农民摆脱对商业种子的依赖，把传统育种系统从重重危险中解救出来。

归根结底，这是关乎重夺食物主权的问题，尤其是通过生态农业的广泛传播来重夺食物主权的问题。农业生态学，是介于农学和生态学的交叉学科。它引导人们辨识农业生产之道，即农业生产要更加有效地利用资源，将农业与生态系统融为一体，减少农业生产对生态环境造成的破坏。对于农民而言，生态农业意味着要在田间模仿自然，要利用不同植物与不同动物间的互补性，要从自然系统中看出其固有的复杂性。生态农业嘉奖智慧与创造性，而工业化农业则企图将自然界分解得支离破碎，还喊着给农民减负的口号。但岂不知，这种做法的代价，就是将农民的劳动变得单调乏味。根据农业生态学的设想，农业生产不该是一个将农业原料（包括化肥和农药）转化为农产品的过程，而应当如同一个循环，产生出的废料可以充当原料，变废为宝。动物和豆科植物可以让土地变得肥沃，甚至杂草也能起到有利的作用。

农业生态学是应对21世纪严峻挑战的一种途径。合成化肥的使用，产生了氧化亚氮这一温室效应最强的气体，因而今天的农业活动所释放的温室气体占全球人为温室气体排放量的14%。六十年间，工业化农业的能源效率缩减到了原来的1/20。根据美国农业部的数据显示，1940年，1卡路里化石能源可以生产2.3卡路里的粮食，而2000年，10卡路里化石能源只能生产1卡路里的粮食。于是，今日的石油农业便这样迅速摧毁了它赖以生存的生态系统，它所需要的能源正变得越来越稀少，且价格在未来会疯狂飙升。

相比之下，无论是在地区层面、国家层面，还是在单个家庭层面，农业生态学是一种具有复原力的源泉。今天，人们试图在非洲掀起一场新的绿色革命，殊不知在这片大陆上所使用的化肥中，有90%都依赖于进口，且很大一部分用于增加土壤肥力的矿物质，也大多依赖进口。所谓的粮食安全，便是建立在如此薄弱的基础之上。面对会导致价格飞涨的经济冲击，依赖于高价农药化肥进行生产的农民们，不能免于其害，世界上的许多国家也无法逃脱厄运。相反，当生物杀虫剂或有机肥料（如堆肥、厩肥或可以固定氮元素提高土壤肥力的植物）在当地生产时，就能降低生产成本，农民的净收入也会增长，增长的幅度有时会大到令人惊讶。

然而，农业生态学至今并没有在更大的范围内得以应用，那又作何解释？怎样理解，如今试图重新定位本国农业的政府，却并不把生态农业置于农业工作之首？原因有多种。首先，人们对农业现代化持有一种固有观念，这种固有观念已经根深蒂固，他们相信若要在农业上取得进步，必须通过更多的农化产品，以及20世纪60年代绿色革命模式下出现的灌溉和机械化体系。其次，某些群体也有抵触心理，尤其是农化产品生产商，他们预计生态农业大兴之时，就是如今发展前景广阔的农化业萎靡之日。最后一个原因，是生态农业的某些生产实践属于劳动密集型工作，因此，通常更适用于农民手中的小块田地，他们与土地紧密相连，对土地所做的是长期的投资。有一种观点认为，进步就意味着必须有劳动生产率的提高，即用更少的劳动和更多的资金生产出更多的产品。农业生态学与此观点是对立的。我们现在是多么迫切地需要发展农村的就业。自然资源正日渐枯竭，我们需要关注的是自然资源生产力的提高，而不是劳动者生产力的提高。怎么能对此视而不见呢？

此外，还有别的因素。生态农业需要众多劳力，也需要大量知识。它以知识的传递为前提，以农民间的交换为基础，将农民视作专家，以常年耕种的田地为试验场所，而不是实验室。基于此，可以说生态农业能够解放农民，它把农民从建议的接受方提升为参与者，它使知识拥有者和享用者之间的关系得以平衡，农民既是知识的拥有者，也是享用者。正是在这一点上，为生态农业而战，便是为重夺食物主权贡献力量。要由农民来将生产资料调整到最适宜的状态，要由农民来决定如何及在怎样的条件下开展农业生产。在一些国家里，农民常年被排斥在政治决策过程之外，这导致农业投入不足，出台的农业政策多以牺牲社会公平和环境可持续性为代价。在这些国家中引入农业生态学，便能够产生强有力的颠覆性作用。在此感谢坚定不移、才华横溢的范达娜·席娃给我们带来的讯息，也感谢里奥奈尔·阿斯特吕克让我们在这场激动人心的访谈中听到席娃的声音。让我们静静聆听。

奥利维埃·德·舒特

原联合国食物权专题报告员（2008—2014）

序三

"谎言是一种过饱和溶液：只需一滴真相，立刻就会结晶，无一例外。"

—— 范达娜·席娃

为什么要出售免费的东西？

今天的范达娜·席娃，是社会与环境高端论坛中的弄潮儿。然而，几年前，她只不过是一个身着手工棉纺纱丽、脚踏凉鞋的普通公民，但却有着将自己的见闻公之于天下的决心。1987 年 3 月，在法国上萨瓦省一个叫伯日孚的小村庄里，席娃，这位在当时还没有名气的科学家，参加了瑞典某一基金会组织的一场有关生物科技影响的专家研讨会。那是一次小范围的研讨会，她陪同身为医生的姐姐出席，没有人对这个印度女子心怀戒备。种子业界的几位代表尽情地讲述他们的市场战略。席娃就是在那时了解到了之后三十年间他们所要实施的计划：用专利保护和转基因技术来实现对种子的操控；向全世界农民出售地球母亲免费馈赠的种子；通过不断兼并、不断壮大，形成影响力极大的五大集团卖方市场；乃至对政府和国际机构决议的制定，都起到决定性作用。席娃是唯一一个知晓这条信息的非农化业圈内人士，她迅速地预测了这条信息所能带来的影响。20世纪80年代末，无论是民众，还是非政府组织，都尚未对专利保护和转基因技术萌生忧虑。席娃意识到这种毫不在意的漠视到了令人震惊的地步，于是在从日内瓦返回德里的飞机上，就开始构建自己的抵抗战略。自那一春日起，伟大事业的紧迫性就让她常年无休。面对全球最强大的企业，席娃心如磐石。

动员与宣传的典范

这位获得物理哲学博士学位的物理学家，业已成为当今世界生态革命的标志性人物，也是她所参与创立的另类全球化运动的领军者。她在世界各地结识了成百上千万同道中人，他们来自西雅图、热那亚、哥本哈根、巴黎、罗马、班加罗尔。席娃与他们进行访谈，并通过在诸多纪录片①、各国媒体及社交网络中露面与他们交流。她为2013年5月全球反孟山都游行活动所做的贡献，就是在52个国家里动员了200万名

————

① 在法国上映的有：《孟山都公司眼中的世界》（玛丽-莫妮克·罗宾执导，2008年）、《全球无序的本土解决方案》（柯琳娜·塞罗执导，2010年）、《种子战争》（斯汤卡·吉莱、克莱芒·蒙福尔共同执导，2014年）……

游行者。2009 年 12 月的丹麦，冰天雪地。她在哥本哈根世界气候大会上，面对 10 万张面孔发言，全场鸦雀无声。1993年 10 月，她号召全体公民开展抵抗运动，班加罗尔 50 万游行者跟着她走上街头。这样的胜利和后来她所获的殊荣（另类诺贝尔奖、悉尼和平奖等诸多其他奖项）都是得益于她敢闯敢拼的雄心壮志：在国内国际两个战场都要全力以赴。今天，所有媒体都在跟踪报道她的行动，英国《卫报》称其为一位"世界最全情投入、言出必行的科学家"，美国的《福布斯》杂志将其誉为"全球七大女性主义者^①"之一。2013 年，美国《时代》周刊预言，"范达娜·席娃人气飙升，确实会在今天对孟山都这一类的企业构成威胁"。席娃也被称为"反转基因摇滚明星^②"，她的声望如此之高，以至于推崇转基因的游说集团将其设为头号打击目标，在媒体中对其言行一一进行反击。

伟大领袖甘地曾选取纺车作为运动的标志，他的衣服都是用自己亲手纺出的棉做成的。当有人对他提出疑问时，他便反问："为什么要别人替我做呢？"席娃效仿甘地，将种子作为斗争的标志，决意建立示范农场和庞大的种子库网络，

---

① "全球七大女性主义者"，《福布斯》，2010 年 4 月刊。
② "反转基因摇滚明星"访谈栏目，2012 年 7 月 13 日。

以此为标杆，走教育宣传之路。她特意选取因集约型农业生产而日益贫瘠的土地上建立示范农场，让土地再次焕发蓬勃生机。种子库的数量如今已多达 120 个。然而，席娃并没有把斗争的范围仅仅局限在农业，而是将种子作为一种催化剂，抛出一系列诸如食物主权、民主、和平、动员，或女权主义等各种不同的重大议题。

发展中国家粮食匮乏，而发达国家亦是如此

席娃出生于一个在食物方面自给自足的家庭，因此对食物主权的问题特别敏感，这也是我们访谈第一部分的内容。大型跨国公司将为数众多的发展中国家逼入绝境，使它们丧失食物主权，甚至连粮食安全也得不到保障。在同一个地区，工业生产充足，而当地百姓却遭遇食物匮乏困境，这两种现象通常会同时存在。在富裕的国家，食物主权也同样受到威胁：每个国家所依赖的粮食供给，都来源于遥远之地，且供给很不稳定。一旦进口受到某些因素的干扰（如罢工、自然灾害、经济危机、石油价格飞涨……），不过几天，就会出现严重的食物短缺。其实，每个国家，面对意外情况都是有抗击能力的，但发达国家却忽视了这一点，它们放弃了粮食种植。范达娜·席娃也提到了食物主权丧失的个别信号，这些都不那么容易察觉，如烹饪传统精髓的消失，这是一个在

她看来特别令人担忧的现象。但与此同时，这位来自印度的行动主义者，也向我们列举了为实现粮食自给自足而涌现出的许多创举，这些创举都是她亲眼见证，并能给人带来希望的。它们与家庭、群体，甚至整个城市，都是息息相关的。一系列举措大获成功，如"共享菜园""预付农产品消费者团体""食物生产消费短循环"等创想，还有成千上万句口号，这些都成功地齐集了社会各界人士，包括深受企业迁移影响的管理层、工人、失业者。

然而，银行还是继续在包括粮食在内的原材料上进行投机活动，大企业依然穷追土地霸权、掠夺自然财富，不惜发动原材料之战。对于它们而言，一场正处于酝酿之中的运动，并不足以让它们反思自身的行为。在贫困地区，如印度中部的某些地方，它们甚至为了剥夺部落成员的（土地）所有权，调动常备军和群众武装组织。快速消费品的原产地，已经变成了一个经济战场，欧洲新闻界熟视无睹，众多受害者也只是听天由命，从不抗议。范达娜·席娃向我们揭示了这场冲突的残酷性，它波及最贫困的人群，印度安得拉邦、贾坎德邦及恰蒂斯加尔邦森林地带最环保的生活方式，也面临毁灭。在这片土地上生活的人们，受习惯法约束，他们对自然的敬意无比崇高，以至于认为自己无须拥有任何所有权。他们本栖身于一片沃土之上，如今却招来了诅咒。席娃认为今后需要分清两种企业：一种企业，为社会和公共利益造福；另一种企业，在公民和公共财产间建立壁垒，并以在土地、水、种子及所有其他资源上获利为目的。

不在种子问题上屈服

如果说这场经济掠夺是关乎所有自然资源的，那么其中一个具有特殊重要性的便是种子。当种子的繁殖变成一种违法行为或一种不可能实现的行为时，如何保证食物供给的独立性？种子虽小，且不在终极消费者的视线中，但它们却是地球上的生命得以生存所不可或缺的。范达娜·席娃再次回到农民自留种、杂交种子和转基因种子的根本区别上。她以数字为依据，提醒人们关注生物科技给社会经济带来的影响，并识破那些大型农化公司的生物剽窃战略。她深入地分析了跨国公司所采用的游说和贿赂招数，对专利机制做出了清晰的解释。除此之外，还给我们讲述了她提起的诉讼，在诉讼中，她反对转基因，反对种子公司将作物物种收归自有的行为，因为某些种子本归农民、医生或普通公民所有，它们世代相传，种植经验和技能也日积月累。

面对种子公司发起的不正当竞争，这位来自印度的环保主义者站在了第一线，她号召广大农民不要在种子问题上屈从。20世纪30年代，甘地反《食盐专营法》"非暴力不合作"

运动的成效，仿佛有着穿越世纪的威力。席娃重申，正是由于有着这样一支队伍，才取得了那么多的胜利，她呼吁全世界所有农民都不要在种子问题上屈服。将这种不屈服的精神落到实处的一种可行做法，就是让拥有土地所有权的农民，在自己的土地上播下自己的种子，把他们集合起来，共同创建"种子自由区"。受九种基金会的启发，各大洲涌现出许多种子库，在美国也出现大规模的种子物物交换，还有许多其他创举，这些都开拓了可行的行动思路。这场为保护种子而战的斗争如火如荼、史无前例，以席娃为创始人的"种子自由全球联盟"也应运而生。这一联盟，将全球保护种子的人士结成网络，为那些被农化界巨头列入目标的国家提供技术支持和可行办法，在转基因游说集团散播的报告面前还世人以真相。不仅是农民，所有的公民都和这场生态运动息息相关，因为我们日常的选择——从我们的一日三餐、园子里种的菜，一直到我们衣服所用的纤维——都与农业生物多样性紧密相连。然而，这种联系，却被许多消费者低估。

在一些人的内心深处，有一种保护种子和生命的本能，一种团结仁善的特殊天性，这种本能与天性似乎与生俱来。这些人，就是女人。

生态女性主义也解放男性

席娃对女性在环境保护和公共利益上所做的贡献进行研究，她的研究处于世界领先地位，这便是她于 1993 年获"另类诺贝尔奖"，即"正确生活方式奖"的原因所在。当她的科学家同行与其他印度人一样，依然将生活在乡下的社会下层女子视作缺乏教育的二等公民时，席娃却掀起了一场哥白尼式的革命，以大男子主义思想为主导的资产阶级不禁为之错愕。她在一份题为《活着：印度的女性、生态与生存》的研究中，罗列了男性和女性的工作任务、田间劳作时间及学识，成功地阐明了那些文盲女子，虽然被逼无奈、无学可上，却有着很强的专业技能。席娃在这篇文章中也指出，女性在集体生活和保护生物多样性的事业中所做的贡献是最大的。她同样也揭示了女性与土地的内在联系。她们在树林里采摘果实、拾柴挑水，忙不停歇，种子的繁衍和留存，有史以来就是女人万千工作中的一项。她们是可持续生活方式的化身，她们的精神应该能使我们受到启发。

后来，席娃在与德国社会学家玛利亚·米斯近距离接触后指出：女人与自然和公共利益之间的关系，在发达国家也同样得到了证实。因此，为何不将女性——或者更确切地说是性力（印度语为 shakti）这一印度教徒尊崇的"女性原则"——置于决策的中心地位呢？这难道不就是甘地当初提倡社会"女性化"时的直觉吗？这在何种意义上可以称作是一个前所未有的、令人摆脱束缚获得解放的机遇，包括男性在内？"不把女性视作弱势性别，也不将自然界看成是静止的、被动的，且注定要被开发利用的。我们要用这样的眼光看世界，平等地看待一切。"这就是席娃的观点，她在访谈中重申，每个人都能够以这种方式践行生态女性主义，无论他（她）是哪类人。

重获和平与民主

无论在家庭、企业，还是在政坛上，男性的主导地位都让他们自然而然地产生某种暴力和好战的倾向。这剂毒药——当然不是唯一的罪魁祸首——在不知不觉中危害了社会经济生活的各个方面：土地被独占，生物多样性因农化产品的使用而备受破坏，资源和知识频遭掠夺，种子也丧失了繁殖的能力……在席娃看来，眼前的这些事实，就是一场与任何其他冲突无异的反自然之战。我们不应该低估这场战争的规模，以及它的暴力程度。那么，在此种境况之下，如何重返和平与民主？途径有很多：我们可以拒绝陷入消费的旋涡，重新审视经济增长的执念，鼓励饮食本地化，再度建立与土地之间的联系，更广泛地重新使用我们的双手，农民可以自留种子，抵御大实验室的侵袭，将转基因作物连根拔起……所有这些做法都有一个共同点：它们都体现了一种在一个注定以失败告终的体系面前不屈服的精神。若想继续生活在一个重获和平且自然资源富足的星球上，必须实现现有思维模式的转变，而每一次的抵抗行动都让我们离这样的转变更近一步。

但除了个体行为之外，怎样做才能完成一种转变，让可持续的生活方式在整个社会得以实现呢？席娃以生态方面的重大问题为核心，将民众动员起来，当中的每一个人都有想实现他们所期待的转变的强烈意愿。席娃也对一些能够引起民众注意的方法进行分析。比如，席娃对过度依赖庞大复杂体系的非政府组织的战斗原则提出质疑，她认为这种原则是十分被动的；对欧洲出现各种力促扁平化管理模式而非等级式组织架构的各种运动，席娃致以敬意。这些运动告诉世人，甘地的思想在今天依然具有深刻的指导意义。

从言至行

事实上，非暴力不合作哲学涵盖了以下所有主题：食物主权、种子自由、生态女性主义、和平、民主和动员。范达娜·席娃也是非暴力哲学思想的化身。席娃一生，言行并重。这位女子，从儿时起，就注定有着英雄人物般极具传奇色彩的命运，而这一系列访谈，正意在透过字里行间，揭开她的神秘面纱。席娃的外祖父壮烈牺牲在德里郊外的一个小村庄里，从他的英雄事迹可以看出，席娃本人以及她的天资禀赋、完整的人格和不屈服的个性，都来源于这个非凡的家族。这印证了吠陀哲学中的一个原理，即人几乎不可避免地继承其祖先及父母性格中最本质的东西。1956 年，席娃的外祖父穆克缇尔·辛格，死于一场为创办女子学校辩护声讨的绝食抗议活动中。这样一个先锋计划，在当时却看似荒诞不经，因为在那个时代，社会的统治阶级是拒绝让女性拥有受教育权的。经历了太久生死间有始无终的等待后，终于有一天，邮差脚踏单车，带来了在杜亥村开办女子学校的政府许可令。在这胜利的曙光即将到来之时，他却叹下最后一口气，溘然长辞。这一切都来得太晚了。这前所未有的女子学校，是他用生命换来的。当年，这所学校只有几十个孩子，而今天，在校生不下 3000 人。当年那个为外祖父的辞世而痛哭流涕的 4 岁小女孩，如今，已成长为生态女性主义的世界级标志性人物和农食品跨国公司的头号敌人。在印度，有些女性农民，即便面对武器也能毫不迟疑地将生命献给养育她们的森林。20 世纪 80 年代，席娃便是跟随这样一群女性农民投入了为生态而战的斗争，她奋勇拼搏，克服重重艰难险阻，坚定不移地反对矿业黑帮和大型企业。直到 1987 年 3 月的那天，在一个名叫伯日孚的小村庄……

1

重夺食物主权

在过剩与匮乏之间

里奥奈尔·阿斯特吕克：你们家，在饮食方面有哪些传统？您在寻找一种自给自足的形式吗？

范达娜·席娃：以前，我们家中大部分的食材都是母亲杰格碧库尔种养的。家宅周围都种上了西红柿、胡萝卜、四季豆、豌豆、小扁豆，还有果树。那时我们还养奶牛，为家里提供牛奶和菜园所需的肥料。这样的生活方式在印度曾经是非常普遍的，但由于母亲身为教育监察员，这么做在外人看来很不可思议。其实，这种生活方式是一家人的承诺，我和兄弟姐妹们在母亲劳作时经常是她的小助手，我们非常真诚，也非常乐意。与土地的这种联系，在我们家庭所有孩子的教育中有着非常重要的地位。

这个问题如今依然是您行动的核心，寻求食物主权为何如此重要？

寻求食物主权，至关重要，它有利于生态转型，有利于全体公民的经济安全，并能改善他们的健康状况。首先，一种趋于本地化、短循环，甚至是自给自足的食品供应模式，能够减少对交通工具的利用，继而减少温室气体排放，这对每个人来说都是很容易明白的。在食物方面寻求自主性，也能挣脱大型供应商的权利束缚，恢复自身的"抗击韧性"，也就是说，在将来能预见到的各种风险（经济风险、社会风险、气候风险）面前做好充分的准备。喜爱田园生活的人，能够继续用固定不变的成本养活自己，即便超市里的食品价格飙升飞涨。在田地与餐桌之间，存在着太多的中间商，这对于消费者来说，代价高昂。这种行业内的扩展，也同样会对食品质量造成影响，因为，人为自己、家人或街坊邻里生产的产品往往是最好的。总而言之，所有经济、社会、环境方面的关键性问题汇集到一点，那就是：无论是在城市、村庄、集体还是家庭层面，寻求最大限度的自主性是十分必要的。这一行动，可以使食品生产领域中的关键性要素失而复得。

哪些迹象表明，在印度和其他发展中国家，食物主权已丧失？

食物主权是人们决定自己的农业生产方式和食物体系的权利。它也意味着，广大人民有权享有健康的、符合自身文化的、以尊重环境与社会的方式生产出的食品。这一概念，与坚持仅供本地市场的本地化农业是密不可分的。

首先，我们来回顾一下，食物主权丧失的首要原因之一，就是农民依靠手中的种子自给自足的时代结束了。当种子的留存和再播种，变成非法行为或绝无可能之事时，比如说在播种杂交种子或转基因种子的情况下，农民对于他们所种植的作物就不再有任何决定或支配的权利，他们丧失了独立性。采取以单一作物为核心的密集型农业生产方式，也导致了食物主权的丧失，有时，也伴随着食品安全的丧失。只有种植不同种类的作物，才能满足某一范围内所有人的需求。另外，不同作物间的互补性，可谓弥足珍贵。比如，在旱灾来临时，一种谷物或蔬菜长势不佳，而另一种谷物或蔬菜却能抵御厄运，这就保证了整个国家、整个地区以及农民自身的抗灾力。因此，无论是大到国家还是小到家庭，单一作物的种植，是要对印度食物主权的丧失负一部分责任的。如今，印度处于十分脆弱的状态。转基因棉花引入印度，将大批农民逼得走投无路，只得放弃多样化种植模式。接受转基因，就意味着要采用以大量生产单一作物为基础的密集型生产模式。以前，这些农民在土地上同时种植棉花和其他粮食作物。今天，他们放弃了原来的粮食耕作模式，单一种植转基因棉花。于是，他们不仅因为购买有价的种子而欠下债务，也要为购买食物而借款。

其他一些迹象也表明食物主权正在丧失，这些都是事实，比如，对一种农产品而言，在同一地区，过剩与匮乏并存。例如，孟加拉地区已成为印度土豆第一大产区，但当地市场却同时遭受着土豆紧缺的厄运。

这怎么可能？

事实上，过剩与匮乏一并而来，实质与表象都是那么的自相矛盾。这种情况是这样发生的。我们再以印度为例，百事公司将大量的土豆加工成有塑料包装的薯片卖出。他们告诉农民，公司准备大量收购土豆。这种收入预期，对农民产生了诱惑，刺激了百事土豆的种植推广，逐渐侵占了原本种植其他作物的土地。与此同时，百事公司出售土豆种子，但不收购农民用自己的种子种出的土豆。当地的物种就是这样被替代了，甚至种子也逐渐绝迹。

工业大生产，就意味着必须要有足够的原料供应，这就导致我们赖以生存的食物要从粮仓和当地市场的货架上消失。比如说，我种了数吨土豆，但都用于生产薯片，那么当地居民就再也买不到土豆，也烧不了土豆了。我们进入了一个怪圈，百事公司再也不必登门造访农户进行收购，农户根据百事提出的需求及销售前景，就自动改变了他们的生产方式。结果，通常只有10%的收成被企业收购，而剩下的所有用于

006　生产薯片的巨型空心土豆，在短时间内迅速腐烂。同样，在大型连锁超市沃尔玛公司着手大批量收购某种产品时，此种情况也会发生。起初，沃尔玛仅从 2% 的农户手上收购产品，但最后，所有的农户都为了给沃尔玛供货而对自己的生产做出调整。这种情况所导致的后果，就是产生的垃圾多得令人难以置信，造成一种巨大的食物浪费。这样的工业政策直接危害当地物种：这些物种再也不被种植，粮食农业生产以及随之而产生的短循环经济统统化为乌有。为了重获食物主权，印度农民必须种植油料作物、谷物、蔬菜、树木，发展复合农林业，自己育种。如果农民只种植水稻、棉花或土豆，那么饮食中所需要的其他食物没有种植，就会导致食物紧缺现象的出现。

这种过剩与匮乏的并存，莫非与社会不平等加剧的普遍现象相呼应？

是的，整个世界似乎从未像现在这样富足时新过，然而，与此同时，饥饿却打破了自身以往所有的纪录。世界上，9.25 亿人饱受饥肠辘辘之苦，每天 24000 人死于饥饿。① 在印度，

---

① 《世界食品安全状况：长期危机状态下的食品安全斗争》，联合国粮农组织 / 世界粮食计划署，2010 年。

这种对比尤其明显：这片次大陆，近期实现了 9% 的经济增长率，这是历史上从未有过的辉煌，然而，根据联合国儿童基金会的数据，每三个印度女性中就有一个食不果腹，42% 的印度儿童营养不良。在众人眼中，印度已成为全球化成功的标志，而这些数字却将这一公认的形象打得粉碎。我们的农业产量比以往多了，但饥饿这样的灾难，在今天继续扩大蔓延，可谓反常至极。因为，粮食被工业挪用，进不了人的肚子里。在这一点上，印度的现状比非洲还要糟糕。印度的食物主权已经完完全全被摧毁，获益的是沃尔玛、嘉吉、孟山都或可口可乐。

这是一种倒退，这种倒退最终会触及我们文化的核心，并遍及世界各地，通过烹饪传统的丧失显现在人们的餐盘里。烹饪传统在消失，这很危险，它意味着食物主权作为一种文化也在消失。这种不祥的征兆，暗藏在每个家庭的厨房秘密里，十分令我担忧，因为这实际上就是一种个人自主权的丧失。

您的意思是，并不仅仅是农民正在遭受食物主权丧失之苦？城市居民也同样不能幸免于难？

是的，在大多数发展中国家尤其明显。比如，在墨西哥，街头卖玉米饼的小商贩几乎很少见了，因为缺乏适合做饼的优质玉米。今天，越来越多的墨西哥人只能吃那些跨国企业提供的劣质食品。另一些人，拿原本用于喂养牲口的美国玉米做饼。在这个国度，自由交易和倾销行为摧毁了整个玉米产业。玉米可用作生物燃料，这一用途加之原材料市场出现的投机行为，使玉米的价格一路飙升。

非洲大陆在食品方面也仍然特别具有依赖性。长期的饥饿和营养不良现象非常普遍，确切的原因是发达国家的农民有农业补助。尤其是美国和欧洲，大范围地补贴自身农业，与此相比，那些出口国的价格毫无竞争力。这就逼迫发展中国家降低价格，大幅度地减少盈余空间，放弃合理的收入。在非洲的某些地区，人们相信可以通过实行农业密集化来挽回局面，但这却是以损害粮食作物为代价的。更有甚者，在非洲之角①地区，当地城市的某些市场上，都见不到基础食物，虽然该地区生产这些食物，且产量可观，但仅用于出口。

印度也是如此，喜爱烹饪的城市居民，要获得某些做菜的配料，都不再那么容易了。举芥籽油为例，它可是我们传统烹饪的中流砥柱，印度北部做帕克拉（炸土豆块）或是孟加拉地区做鱼都需要用到它。人类从在自然界发现芥籽到有目的地种植芥籽，这一过程是在印度实现的。芥籽也是我们

---

① 非洲之角，东北非洲，又称索马里半岛。

的一种草药（有治疗风湿的功效），还可以驱蚊。来当地小店买芥籽油这种必需品的顾客，都会亲眼看着芥籽榨成油，这样，消费者本人就参与到了芥籽油的整个压榨过程中。您也会承认这种对加工过程所进行的直接监督，是人们能期待的最好的食品卫生安全保障。但是，工业化大生产，却为了打破这一短循环进而夺取市场，什么都做得出来。只因曾经出现过一次芥籽油食品安全事故，那些大企业就抓住把柄不放，夸大影响，借此达到禁止芥籽油在本地生产的目的。

这到底是怎么回事？

那是在1998年，有人在芥籽油里掺入了罂粟科植物种子油及工业用油，造成了大范围的中毒事件。之后，此次事件被正式定性为一次恶意行为的结果。然而，政府却突然宣布要永久地禁止芥籽油在本地的生产。殊不知，这种现买现榨的生产模式，与我们的烹饪文化紧紧相连。印度北部的妇女们，再也买不到周边地区种植的芥籽榨成的油，工厂出来的芥籽油价格太过高昂。回顾过往，一项细致的分析指出，就在那年，推广大豆的游说集团，把全部精力都投入到了商战之中。巨额补贴发放到大豆生产国农民的手中，只为达到人为降低价格的目的。工业巨头驱使印度推广进口大豆制成的油。但当芥籽油禁令下达时，德里贫民窟的一群穷苦妇女给我打来电话。她们说："我们再也买不到芥籽了。孩子们再也不吃我们做的饭了，他们大哭，宁愿饿着肚子睡觉也不吃饭。好歹做些什么吧！"为了帮助她们，我们齐聚在一起，做了很久的研究工作。面对芥籽油本地生产和消费的禁令，她们用抵抗做回应，并且公开宣布"抵抗芥籽油禁令"的运动。她们继续进行自主生产，支持当地生产者，让芥籽油重新回到她们的饮食生活中，于是，我们打赢了这场战斗。如果说对于印度人而言，本地生产的芥籽油在今天依然随处易见，那么就是因为我们曾经明确地表示过，面对禁令我们不妥协。而在孟加拉国，由于无人与之抗争，这种短循环已不复存在。

发达国家也存在食物匮乏的危险吗？食物匮乏的问题是怎样一步一步导致的？

公民对食物成分监督的结束，是欧美国家食物主权逐渐丧失的过程中，令人意想不到却尤为关键的第一步。在加利福尼亚和华盛顿掀起的转基因标签之战，其中的关键性因素也在于此。美国工业部门表示，给食物贴标签的要求是与世界贸易组织的规定相违背的，并以此为借口，拒绝行事。其实，提出这种论据就是想避免信息透明。为了将转基因食品强加于民，他们实行了一整套措施，而拒绝信息公开这种实属专制的行为，仅仅是其中的一项罢了。必须明确的是，《国际食品法典》（联合国粮农组织和世界卫生组织为制定食品业规范而共同开启的合作项目）承认国家有权强制给转基因食品贴上标签，而并不与世界贸易组织的有关规定相违背。总而言之，世界贸易组织的规定不会再对消费者的知情权构成任何阻碍，因为国家以《国际食品法典》为指导所采取的措施，是不可以被指控违反自由竞争原则的。尽管有了这些进展，在许多国家，知情权依然还是有待维护的一项权利。从这一点上看，还有漫长的路要走。

放弃烹饪文化而选择成品熟食和快餐，也会导致信息不对称，从而造成一定危害。这种信息不透明，促使人们消费那些添加剂、脂肪和糖分含量过高但到头来几乎没什么营养的食品。这种情况导致的危害特别严重：自快餐文化兴起以来，有 20 亿人出现了各种各样由不良饮食导致的健康问题（肥胖、糖尿病、心血管疾病……）。[1]

您刚刚讲了发达国家走向食物危机两个步骤中的第一步：信息缺失。那第二步又是什么呢？

---

[1] 2014 年联合国人权委员会第 26 次会议上，特别报告员阿南德·格鲁维所作《关于人人都享有的最佳身心健康权的报告》。

第二步，是人们发觉他们想吃的东西供应量不再充足，而他们退而求其次消费的食物又不是他们想要的。这场食物危机，既似一种慢性缺失悄无声息，也如狂潮海啸般来势汹汹。工业界的战略，无论在发达国家还是发展中国家，都是用各种办法将小型农场变成原材料的供应基地，为其所用。长此以往，慢慢地，食物就真的匮乏了。本地生产的产品，因中间商少而价格便宜，可这样一种短循环已经消失，取而代之的，是价高量多的加工食品。这给当地就业带来了毁灭性的打击，而那些跨国公司的股东，却因此而赚得盆满钵满。这些工业食品价格昂贵，导致需要求助于公共救济粮的人数上升。这种情况在美国就出现过，领取救济粮的人数在五年内增长了75%。这种爆炸式的增长，其原因尤其在于，越来越多的中产阶级也来申请救济粮。这些中产阶级衣着还算得体，有些也拥有自己的住房，但没有足够的金钱让自己吃得像样。这种食物主权丧失的下一个阶段，具体来说，就是食物供应链的突然断裂。食品业系统，建立在多个地区物流平台所组成的网络基础之上，任何一个物流平台都遵循准时制生产原则，因而，为了节约成本，仓库和存粮都变得少得可怜。这样的系统，哪怕是一次罢工、一次原料或燃料短缺或一次危机，都会让它坍塌。我担心一场真正的恐慌会由此引发。

在多少年之后，我们会遇到这样的危机呢？

我的理科教育背景，让我可以对这种危机从进程和速度上进行预估。将所依据的全部数据综合在一起考量时，我认为，所有这一切，可能会在五至十年后发生。如果我们顽固执守、一成不变，该做的不做，那么，各种各样的危机会频繁爆发、接踵而至，对于所有人而言，都是无法预料且难以掌控的，包括政府和企业。面对这些极端状况，公民们也将失去回应的想法和能力。当您预感到会有一场危机时，您会制订一些有积极作用的计划、一些备用计划，最后，还会有一个崭新的模型。但如果当危机降临时，没有做好准备，您就会恐慌，并很有可能为了获取食物而使用暴力。因为，所有其他人都会对您构成威胁。

人们知道这一问题的严重性吗？

许多富国开始担心它们的食物主权了。在英国，"不可思议的食物"和"转型城镇"运动，便是直接源于这一不断明确的危险。这些举措基于两个事实。第一，我们所有的食物都极度依赖石油；第二，气候变化与这种石油经济有着千丝万缕的联系。此外，英国的食品供应普遍依赖进口，一旦由于天气因素或受罢工影响船舶停航或货车停运，岛国的粮食储备三天就能消耗殆尽。72 小时后，饥饿会在整个国度蔓延。2000 年，卡车司机有组织地封锁了英国各大炼油厂，森斯伯瑞超市集团公司负责人迅速向布莱尔首相发出警报。他明确指出，如果继续这样封锁下去，我们很快就会受到食物短缺的威胁。[1] 面对威胁，朴门学教师罗布·霍普金斯创建了一个新的模型。自 2006 年起，在托特尼斯小镇试行，这就是"转型城镇"运动。"转型城镇"意在采取行动，以最快的速度做好进入"后石油时代"的准备，且最大限度地利用当地资源。这种从依赖状态到抵抗力强的弹性状态的转型，需要通过重建稳固的当地经济来实现。为此，小镇的居民们发展小范围短循环经济、绿色交通及可再生能源，全体居民齐心协力，尽可能减少对化石能源的消耗。这项运动发展趋势强劲，自此，已有 20 多个国家的 100 多座城市开展这项转型运动。这便是对一个所有公民都心知肚明的问题所做出的具体回应。与表象相反，我们的经济非常脆弱，因为它很大程度上取决于来自遥远地区不稳定无保障的供给，且进口商并不能掌控所有可能出现的局面。

今天，面对供给断链或大规模的危机，许多公民都做好了准备，响应动员。2008 年华尔街金融风暴后，我在美国看

① "燃料危机使服务业遭受重创"，英国广播公司，2000 年 9 月 14 日。

到了菜园的迅速推广。这场危机向人们揭示了当前的经济模式是多么的不堪一击。公民们明白，从全局考虑，最好的做法就是增加防御能力、促进小范围短循环食物供给系统的发展，甚至少部分人可以进行自给自足的生产。因此，发达国家进入了一个在食物主权问题上人民觉醒的新时代。

小企业产出更多

政府在食物主权丧失的过程中该负什么样的责任？

联合国贸易和发展会议近期向各国政府发出警报。[1] 它明确表示，如果他们不为保护小型企业做出行动，那么，一场超大规模的危机将令各国人民瞠目结舌。领导人的义务，不是把地球交到企业的手中任由其支配，而是要管理好种子、土地、水等各项资源。他们必须确保，在对环境和社会有利的良好条件下进行粮食生产。农民种粮养活人类，他们扮演着养育者的角色，各国政府有义务保护农民，并赋予他们优先权。决策者不能再将投机者视为促进经济增长的立功者。农民，处于产业链的最末端，他们是彻底的输家。然而，一

---

① 《2013年贸易与环境报告——现在觉醒为时不晚：在变化的气候中为了粮食安全让农业真正实现可持续发展》，联合国贸易和发展会议，2013年。

旦危机来袭，我们将会看到，他们才是能够最先找到解决办法的人。农民应当有权获得合理的收入作为劳动的回报，他们应当过上一种比较稳定的生活，他们自身角色的重要性应当得到决策者的认可。

那么，企业对此又该负什么样的责任呢？

首先，我会将两种企业区分开来：一种是保护环境和社会的企业；另一种是以捕食者的身份行事、掠夺地球资源、剥削老百姓的企业。这种区别应被纳入考量范围之内，以确保是一群有责任感、兑现承诺付诸行动、遵守道德规范的企业在蓬勃发展。那些罪孽深重的企业，理应受到区别对待。这方面的法律足够健全，应当执法必严、违法必究。农食品行业的企业身负重任，因为它们做出的选择会产生深远的影响。大多数企业，通过它们的购买政策，把化学农业和大规模密集型农业模式强加于人。这两种模式就意味着要使用大量的化肥和农药，且极度消耗水资源。在这样的农业生产过程中所消耗的水资源，占全世界江河湖泊及地壳含水层淡水资源总使用量的70%。① 这两种农业生产模式让土地变得贫瘠，

---

① 《联合国第三份世界水发展报告：变化世界中的水资源》，联合国教科文组织，2009 年。

使整个一代人都遭受产量下降的厄运。我们知道，如果发展生态农业①，小农几乎用十年的时间，就可以在原本农业薄弱的地区实现产量翻番，因为生态农业的一整套方法不求助于化学制品，对土壤、水资源及生物多样性都起到很好的保护作用，并能有效地缓解气候变暖问题。然而，整个工业却几乎没有为促成这样的进步采取任何行动。

如何区分您提到的那两种企业？

区分这两种企业，需要通过两个关键性的变量：其一，它们对环境采取何种行动？它们在利用环境的同时有没有回馈环境？其二，它们只是社会财富的分销商，而对于真正创造财富的人，它们是如何对待的？事实上，大企业往往什么都不生产，它们只做买卖，买进来再卖出去。在这种情况下，要考虑它们是如何对待真正的生产者的。最后，还要观察它们对消费者的行为。它们是不是在出售好产品？出售一种转基因产品且不贴转基因标签，对我而言，就是一种无法容忍的行为。因为我们依靠食物才能存活，我们的饮食直接决定我们的身体状况。知情权被掠夺，在民主之下，就是一种犯罪。

---

① 特别报告员奥利维埃·德·舒特于 2010 年 12 月 20 日所做关于食物权的报告。

怎样实现一种真正意义上的变化，使那些企业对环境及公共利益的危害性有所降低？

首先，一个企业的责任，在本质上取决于它的经营活动。我们要明白，对于某些需求来说，企业的介入并非是必要的。当水龙头里流出的是可饮用水的时候，工业制造的汽水对于满足人类口渴时补充水分的需求来说，就显得无用了。尤其是对于那些原本就缺水的国家，汽水制造商会耗尽含水层里珍贵的水资源。这些企业应该接受一项"多余无用性测试"。它们是否在做社会原本就比它们做得更好的事情？我们需要可口可乐或百事可乐吗？我们自己烹饪的食物比大型农食品制造商出售的要好。在印度，我们在家里自制的饮料更健康。不久前，我们开启了一项绿色健康本地饮品的运动。这里，我们在大街小巷仍然可以看到卖手工自制饮料的流动商贩。长久以来，印度家家户户都喝自己做的饮料。

农食品业结构规模庞大，身子重。它们能克服自身惯性，增强责任意识吗？

规模是一个关键性的问题。您知道，在自然界中，每一个生物群体都是自我管理的。连最小一级的细胞都是具有自主性的，长大后，它们相互协作越来越多，而每一级的进化都会促使新的特性产生。几种细胞相遇后，就产生了一种植物。植物与植物之间相互协作，以求发展、自我保护、互相帮助。经济体系应当被视为一个生物群体，一个由相互协作、独立自主的许多小细胞构成的生物群体。我们九种基金会的农庄，采用的就是一种类似细胞式的运作模式：一个自主管理并面向外界的人类群体。企业的规模，必须给经营它们的人类留有空间，发挥他们关注他人与自然这一大天赋。这就是近几十年来，独为发展密集型农业效力的农学研究获取了巨额资金却成果平平，而小农庄却依然比农食品加工业产量大的原因。这种小型的农业开发，虽然一直处于被忽略的状态，但全球 70% 的粮食依旧由它们生产。①

产生这样一个结果，您对此如何解释？

小型生产单位的效率，具体来说，来自它们的人手数量。在一个小型的经济模式中，人人可以种好自己的一亩三分地，也清清楚楚地知道养了哪 50 头羊。一旦跨越一定的规模限度，"管理"的必要性和机器的无处不在就开始破坏作物赖以生存的自然环境，人类社会也同时遭受摧残。大型农业开发不得

①《应对粮食与农业挑战：小农日历——2012 年联合国可持续发展大会的准备工作与成效》，（"里约 +20"峰会），2013 年。

不用除草剂代替人工，用机器代替动物，总而言之，不得不
创建工厂、建立工业。接下来，工业成功地将小农踢出局，
而这样一个过程，不知不觉就导致了金融系统攫取你们的土
地，而你们却连思考的时间都没有。对自然界及他人的关注
消失殆尽。这样的发展模式把农业生产者逼上种植单一作物
的道路上，并以牺牲食物的美味和营养为代价。

是哪些数据让您如此断言小规模农业的优越性？

我们的九种基金会做调查研究，尤其是通过覆盖全印度
的农民网络来完成。2011 年，我们决定对 200 个加入我们行
列的生态农场进行调查研究，并将其与周围发展密集型耕作
的大型农业开发模式做对比。相比之下，小农场的生产率平
均要高出 1 倍到 2 倍多。[1] 小农场的生产过程较为环保，不
购买肥料、杀虫剂和除草剂，大量地节约了成本，收入也有
所提高。这正印证了联合国粮农组织得出的结论：给农民做
适应人类发展的生态环保生产方式培训，能将收成提高 79%。
联合国贸发会议和联合国环境署也肯定了这样一个事实：在

---

[1] 范达娜·席娃博士与维伯哈弗·辛格博士，《健康与英亩：解决饥
饿与营养不良问题的生态途径》，九种基金会——科学、技术与生态研
究基金会，2011 年。

东非，向农民传授生态农业的基础知识，实现了小型农场生产率翻番。

九种基金会也计算了小规模的生态农场每公顷土地所产食物的营养水平。结果证明，如果全印度农民都采用生态种植的方法，能养活目前印度人口的两倍。[1] 所有这些数据汇集一起，最终证明，超出了农业开发必备的基础规模后，规模越大，产量越小。此外，国际劳工组织同样也指出，在劳动过程中发生意外时，粗放耕作的小型农场是受影响最小的。相反，对于传统农业来说，任何一场意外都是不折不扣的灾难。国际劳工组织认为，诸如拖拉机和收割机等机器，是造成农业劳动者和独立农场主受伤及死亡最大的原因。这一点，我们很容易理解。接触杀虫剂和其他农化产品，也是能导致疾病或死亡的主要行业风险之一。[2]

正如曾在联合国任职的粮食专题报告员奥利维埃·德·舒特所重申的那样，那些没有经历过绿色革命的——即向密集型农业迈进的大规模转型——其实并不需要这种经历，比方说非洲。因为，在这片大陆上，小型生态农场的产量是其他

---

① 《非洲的有机农业与粮食安全》，联合国贸发会议—联合国环境署，纽约—日内瓦，2008 年。

② 《粮食、农业和体面的工作——安全与健康》，国际劳工组织——联合国粮农组织，2010 年。

类型生产模式的两倍还多。官方机构一致肯定绿色革命的危害和无用性。人们发现，在处于热带地区的国家中，小型生态农场和农林复合系统能顺利抵御干旱，而基于单一作物的农业生产却毁于一旦。这就是事实，难道还会有不一样的情况发生吗？

您经常提到，在未来即将发生的危机中，农业和工业需要扮演的角色，然而公民们面对这样的前景，具体能做些什么呢？

他们有改变世界前进步伐的力量。他们应当让供应食物的生产者得以维持生计。为此，他们必须更加关注所摄入食物的来源，必须与养活他们的农民重新建立关系，还要摒弃一些错误的看法，如超市里出售的食品价格更便宜。事实上，购买超市里的食品，隐藏着高昂的代价，购买者及其子孙后代通过缴税的方式付出这种代价。比如说，当水资源受到杀虫剂的污染，公职部门需要建造昂贵的基础设施以治理污染时，最终会是全体公民通过上税，来为他们认为便宜的低端食品的真正价位买单。公民们完全应当知道，他们的钱，实际上尤其是通过广告，被用来将其引入骗局，包装那些没什么营养也并不美味的食品，损害高质量可持续发展的行业，最终将食物主权化为乌有。

面对来临的危机，首先应当团结起来：当这看起来是最难做到的时候，我们必须共同协作，分享并推进集体分销渠道。要由公民们来建立这种新的模式，尤其是要避免引发内部危机、个体危机：恐慌、畏惧和自私，都会让人将邻友视作仇敌。

为什么您担心食物供给会引发暴力？对于您来说，这真的是当前的一个问题吗？

是的，现实局势会向我们拉响警报。当"阿拉伯之春"运动掀起时，我正在写《与地球和平相处》①那本书。令我惊讶的是，2011年埃及暴乱的启动标志居然是面包，运动队伍的口号是"面包、自由、社会公正"。同样，在叙利亚，是农民掀起了运动。正值旱季，他们的密集型农业生产模式给收成带来了灾难性的破坏。而在突尼斯，不也是一个卖菜的小贩引发了"阿拉伯之春"吗？他落入商业的圈套，毫无脱身之计，最终放弃了生命。归根结底，表面上看似纷繁复杂的原因背后，食物才是关键的因素，即便不是，也是主要的导火索。然而，这场革命并未被描述成一场食物危机，也未被

---

① 《与地球和平相处》，普卢托出版社，2013 年。

如此定性。也正因为此，在埃及和叙利亚，人们依然继续互相厮杀。然而，我们应当明白这场灾难的原本实质。

在印度的旁遮普邦，同样的现象也于 20 世纪 60 年代发生过：绿色革命①掀起后，人们以同样的方式互相残杀，而这场食物危机的真实属性也并未被诊断出来。许多年过后，也就是 1984 年，联合国要我做一份关于旁遮普邦问题的调查研究。当年，由于政府军队和锡克教徒原教旨主义运动队伍展开激战，使得该邦政权动摇，我可以证实，这种农业现代化，表面上看起来前景无限美好，事实上却摧毁了农民的食品安全，为恐怖主义推波助澜。

---

① 印度于 20 世纪 60 年代起开始经历向密集型农业转型的过程。范达娜·席娃于 1984 年出版了一本书，题为《绿色革命的暴力》，1991 年（英文版再版三次）。

重夺食物主权

此后，您创立了九种基金会，以取代密集型农业为己任。"九种"这个词，意为"九颗种子"。为什么这么一小撮种子就能代表印度半岛的食物主权呢？

这是印地语里的一个词，它还有另一种含义，即"再次给予的馈赠"。这源于印度的一项传统，农民们依据这项传统来预知下一季播什么种。新年的第一天，家家户户在一个小盆里播下九颗种子。九天后，对比结果，长势最好的种子，来年就会被种于田地。这个词也代表着印度农业的多样性，被视作国家食物主权的保证。总而言之，它综合体现了我们这个组织的多种不同目标（我们会在以下的章节中细说），每年从农民手中收集受到威胁的种子，将其播撒至田地培育新种，来年再分发给农民。这不正是几千年来印度人得以生存、独立自主的保障吗？

在为丧失的食物主权而战的斗争中，您采取了哪些行动？结果如何？

我的意想是同时唤醒民众和最高决策者的意识。人人都必须了解跟自己相关的政策以及自身应负的责任。因此，自20 世纪 90 年代初，我就去印度各地走访，见到了许许多多的农民，给他们讲解关贸总协定的意义所在。无论如何，农民都应当知道，这一协定会助长倾销行为，为损害印度利益的不正当竞争撑腰，还会对种子市场形成垄断。除了唤醒意识、提高民众敏感度，我还进行了一些调查研究，并就相关主题写了很多文章。其中有一篇，我的题目就将关贸总协定与印度农民的消失甚至死亡直接联系在一起。我承认，当时写下那个看似夸张、触目惊心的题目时，即便很自然地产生过一种直觉——通过杀虫剂、除草剂的使用，大批植物或昆虫都会被夺去生命，最终死亡会蔓延至更广阔的领域——但我从未想到过，促进密集型农业发展的国际贸易条例，后来真的会导致印度产棉区农民的自杀狂潮。

继那次唤醒意识行动后，我于 1992 年组织了第一次示威游行，齐集了 20 万农民。1993 年又组织了一次，那次有来自世界各地的 50 万农民和积极分子。1994 年，20 万农民再次于德里展开游行。因此，我的日常事务基本就是对全球化与农业工业化的关键问题做口头解释。这种教学工作也针对政治领导人，我们在印度国会组建了一个团队，为当选者做好处理问题的准备，以便问题出现时能应对自如。随后，我们建立了一个完整的模型，给出了另一种解决方案，意在揭示，贸易也可以换一种公平公正的方式进行，保护生物多样性和农民的利益。

您认为，您的声音被听到了吗？

是的，我们的讯息自 20 世纪 90 年代初就向外传递，一直到印度政府的最高层。那段时期，当战略性的选择即将让整个国家陷入险境时，尤其是我们的声音使政府的政策发生了转向。立法机构正准备改动有关生物方面的法律，同《与贸易有关的知识产权协定》相适应。该协定是世贸组织所推行的全球贸易体系的一大支柱，它在 135 个国家中定义了知识产权保护的最低标准。它使生物获专利权成为可能，然而在此之前，只有非生物才能获得专利权。《与贸易有关的知识产权协定》就这样开启了生物剽窃的大门，它赋予企业一件法律工具，企业凭借它将生物多样性变成一种商品。这项协定的确立没有经过民主协商，且试图把少数几个跨国企业的价值标准强加于全世界。20 世纪 90 年代初，印度政府领导层中，还是有很大一部分人不清楚这些关于种子的新贸易准则会带来什么样的冲击，因为以前，每个国家都按照自己的价值标准、伦理道德及社会经济情况制定本国法律。于是，我不得不亲自走访农业部，向他们解释这项协定的关键问题。我说："我们必须捍卫我国的利益，反对这项《与贸易有关的知识产权协定》，我们要建立自己的法律，才不至于落难。"农业部长拿起话筒，给好几个人打了电话，其中就有关贸总协定这一组织的前任大使。然后，他让我们草拟一项法案，以使印度能够自保，我们依照指令行事。如今，它成为世界上唯一一项包含为农民专设条款的国家级法律。可惜，我们并没能在世界舞台上看到人们对《与贸易有关的知识产权协定》的质疑。印度的法律明确规定，农民有培育、交换、分发、改良、传播、出售种子的权利，且这项权利不可以受到任何权力或以后任何一项法律的质疑。我们将农民的权利直接写入了法律。

之后，印度政府命我介入印度部落法律。我在一款关于专利的法律条文中加入了知识产权的内容。讲的是，要在跨国集团面前，保护脆弱群体的知识遗产，他们并不考虑个人所有权方面的问题，因此他们共同拥有一种得益于林间生活的文化遗产，一整套丰富的知识。因此，那些大型实验室毫不犹豫地将他们的知识技能收归己有，创造销量大的"新"产品，坐收巨额利润，而对于真正的创造者，他们却并不回馈一分一毫。这便是生物剽窃可能出现的一种形式。于是，这款简单明了的法律条文，明确规定"只有真正意义上的创造才能受到相应的待遇"。为捍卫公共利益，拒绝对知识和种子的掠夺，这两项法律明确了我们国家专利局所允许的行为。而这，仅仅是我们工作所获诸多成就的一小部分而已。除此之外，我们在农业和商贸领域也都有了不少成果。我仅举芥籽油、水稻、印度苦楝、小麦和转基因 Bt 茄子 ① 为例。

您能给我们讲讲，在为环保事业而战的斗争中那些关键性的时刻吗？

巴斯马蒂香米的事儿我记得特别清楚。很少有人知道，是多少代农民，经过多少个世纪的观察、试验和筛选才成就了今天这舌尖上的精致美味的。种子适应了气候，大米口感得到了改良，甚至烹饪时间的长短也得以调整，这些都是几千年的研究成果，不是源自那些超尖端科学实验室的秘密研究，而是源自我们的农场和群众的力量。尽管这一点如此明了，位于美国得克萨斯州的水稻技术公司（Rice Tec）仍旧试图通过把巴斯马蒂水稻的所有遗传因子和种子注册编号为 5663484 的专利，将这一上天赐予印度的珍贵物种和宝贵遗产收入囊中。注册专利，就意味着要承认巴斯马蒂水稻是该

---

① 加上字母缩写 Bt（苏云金杆菌），意为该植物基因发生了变化，即在其内部引入了能使其自身产生抗虫害性的苏云金杆菌。

公司的"发明"。这专利，关系到巴斯马蒂水稻的所有遗传因子，并包括由农民长期劳作而获得的不同物种基因。这样一项专利，如果被大家接受了，在法律上就有权阻止农民种植这种水稻，或要求他们交付专利使用费方可使用原本就属于他们自己的种子。为了避免这种情况的出现，我们在美国法庭上与此抗争长达五年之久。2001 年 8 月 14 日，美国专利商标局最终宣布，水稻科技公司申请的专利不可使用。

在这场专利之战进行的同时，从 20 世纪 90 年代末起，我们与数个集团展开斗争，其中就有对印度苦楝树的使用自由构成威胁的农化巨头格雷斯。在印度，苦楝树用途极其广泛，它可以作为治疗人类疾病的药物使用，也能用于畜牧业，治疗牲畜疾病，还可用于农业（做抗寄生虫药物和驱虫剂）。这并不是新鲜事，早在 2000 多年前的印度某些古籍中，就有关于苦楝树的记载。宗教典籍、文学作品以及印度文化中，随处可见这种热带特有树种的身影。印度农民，将其称作"自由之树"或"无价之树"，他们与其他发展中国家分享了许多知识经验，甚至从来没有想过要索取什么回报。然而，化工业，首先让这个被认为是跟不上时代的药材贬值，随后又终于明白它的功效繁多，还因此注册了 64 项专利！这个阴谋背后的缘由，是格雷斯这家美国公司当初有将苦楝树开发成杀真菌剂这样一个目的。这家厚颜无耻的公司，很快就建了一个每天能处理 20 吨种子的工厂。当地居民可以说是瞬间尝到产品紧缺之苦。平日里，城市居民都用苦楝刷牙，农民用它来给作物驱虫，医生拿它做药物，一时间，他们再也没有苦楝可用了。怎么能够给一个几千年来一直在使用的植物定性为"新品"？这个问题看似荒谬，但殊不知，我们历经了长达十年的斗争，直到 2005 年才将这项专利成功废除。同样，为了使欧洲专利局同意废除编号为 EP0445929 的小麦协议，我们也打了场持久战。孟山都公司利用专利将原本属于印度的一种谷蛋白含量低的老品种小麦 Nap Hal 据为己有。这项专利也最终于 2004 年 9 月 26 日被废除。

2010 年，我们终于迫使政府无限期暂停引进孟山都公司研发的转基因茄子。这是一次伟大的胜利，否则 Bt 茄子就会是第一个获准在印度进行商业化种植的转基因农产品。在我们国家，传统的茄子品种数不胜数。每个地区的居民都习惯吃当地产的特殊品种。如果我们引进了转基因茄子，不仅本地品种会受到不良影响，而且这样一种千千万万印度人喜爱的蔬菜，其生物多样性也会备遭破坏。它对于人体健康是否有潜在的危害，这一点尚未经过长期的验证，相关科学数据也还不够清晰明朗，且缺乏双方鉴定，这些都是时任环境部部长做出此项决定的原因。

这些法庭之争与没完没了的程序，没让您感到疲倦吗？

这些胜利让我们精力充沛，心中满是希望。胜利，是一个集体中所有人一起努力的结果，加入我们行列的机构和非政府组织不计其数：国际有机农业运动联盟（IFOAM）、绿色和平组织、欧洲绿党，还有很多其他组织。

今天，出台什么样的决定性政治措施，能实现食物主权的失而复得？

我们需要的重大决策之一，是世界各国在国家这个层面上，也就是说各国的议会，在做出与此产业相关的抉择时，都要符合民主的程序。因为，粮食体系是一个极其重要的关键因素，不能任由跨国集团随心所欲，尤其是那些如今对相关法律的制定起决定性影响的大型种子公司。各国政府也应叫停为刺激出口而拨发的农业补贴。这一不正当商业武器奴役了发展中国家的农业生产者。补贴，让这些国家依赖于国际市场，并四处摧毁为我们提供赖以生存之食的农业。最后，决策者必须将给种子颁发专利的禁令写入法律。这是能够避免跨国集团对种子市场形成垄断的毋庸置疑的最佳解决办法。

至于国际贸易准则，需要全面地重新审视《与贸易有关的知识产权协定》第 27 条第三款 B 项。此协定，我们前面也谈到过，它是世界贸易组织所制定的规则中的一部分，美国为它全力护航。它开辟了种子专利和广义生物专利的道路，对生物剽窃也起了推波助澜的作用。但在 1994 年，这项协议草拟之时，在我们的再三要求下，加入了最后一句话，明确表示此款项生效四年后需重新进行审议。该款项理论上说应该于 1999 年重新审议。

为什么要加上这一条？

《与贸易有关的知识产权协定》对发展中国家重获食物主权起阻碍作用，一个国家如果没有自己的种子，就不能实现独立自主。这项协定是保护主义的一个工具，它服务于工业化垄断，这种垄断不仅仅是种子垄断，也是科技垄断、基因垄断、药材垄断。这样一个协定，赋予大型企业利用知识产权阻碍竞争的权利。协定中所要求的对知识产权极高的保护力度，给予知识产权拥有者一种真正的特权，他人必须向其缴纳专利使用费方可使用，而这，却是对公共利益的践踏。《与贸易有关的知识产权协定》助长对生物多样性的掠夺，并损害最贫苦人民在经济、社会和文化上的权利。第三世界国家都在翘首期盼这项协议的重新审议。他们希望得到一个明确的答案，希望看到修正案的出台，因为他们难以在谈判过程中让自己的声音得到倾听。于是，印度和非洲从 1999 年起就要求对《与贸易有关的知识产权协定》第 27 条第三款 B 项进行重新审议，但这个请求始终没有得到任何回音。

您鼓励回归自给农业，这适应发展中国家，但同样也适应发达国家吗？您认为对于这些富裕国家来说，推广小型农场是一种切合实际的选择吗？

以小型开发模式为基础的食物体系的复兴，并不是一个隐约模糊的乌托邦式的规划，这种演变已经成形。根据国际有机农业运动联盟公布的数据，通常需要采取小规模开发模式的生态农业，是全世界增长最强劲的行业，近年来平均增长率为 25%。在亚洲，这一比率在 2013 年高达 35%，且未来前景广阔。[①] 诸多数据表明，生态农业正如火如荼地蓬勃发展。再者，如果生态运动和个体农场没有对工业造成重大威胁，那些跨国集团就不需要费力设置重重障碍。如果这种发展势头没有那么强劲，农食品业就无须催生那么多关于种子的法律：没有农民的自留种，生态农业无从谈起，游说集团对此心知肚明。此种担心，迫使欧盟将生态农业说成是"小众市场"，以将其置于非主流的定位上。立法机构允许生态农业的存在，但只将其限定在小范围内。

---

① 有机农业研究所，国际有机农业运动联盟，《有机农业的世界——数据与兴盛趋势 2013》，弗里克·伯恩，2013 年。

卫生法的建立，同样也是出于阻挠生态农业运动浪潮的目的。如20世纪90年代初，欧洲曾经提出一项政令，对当地市场上的农民加设种种限制。农民必须配备一套制冷系统，必须用上自来水，等等。这种标准事实上意在限制生产者的市场。在美国，同样，每隔一天就会有一家企业被迫关门，理由是它生产小作坊式的奶酪，或者以某种庄严的方式自行屠宰牲口，而非将其送去屠宰场，这些其实都是借口。工业利用卫生标准和知识产权给小规模、人性化、本地化的生态农业发展设置障碍。如果没有这些障碍，如果这样的生态农业能有一个真正民主的大环境，那么，它就不会仅仅是偏于一隅，而是从下一年开始就能推广普及的产业。

但是，民众能亲身经历的实际情况是——尤其是在欧洲——原有的自然空间被密集型农业、钢筋水泥混凝土和城市化进程侵占。怎样相信工业化国家能重返粗放型集体化农业之路？什么时候能实现？需要多少年的时间？

如果我们从现在起就能赋予种子以自由、回归小规模农业、实现短循环模式，真正地建立一个与现在完全不同的发展模式，那么，五年至十年，我们就可以创造出能为天下百姓提供优质食物的体系。但我们现在正站在十字路口。如果我们不能迅速地从根源上解决问题，那么，五年至十年后，我们面临的，将会是食物体系的坍塌崩溃。地区政府（省级、大区级……）是最具战略性的主体之一，扮演着关键性的角色。例如，做出一项为当地医院、养老院或学校提供有机食品的决定，就会产生重大的影响。目前，我正在和罗马省合作。2012 年，我去那里宣传"种子自由全球联盟"。演说时，省长来见了我。我们谈到共享菜园，他对我说："您认为市政的土地可以交由民众来耕种吗？""那当然可以！"我回答道。于是，罗马便决心成为一座"有机菜园农庄之城"。每次我去罗马与同道中人相见时，我们都能将计划向前推进，以实现转型，而他们也能够真正地付诸行动。

他们具体做了什么？

目前，他们正在筹备一项法律，将公共空间交由失业者进行耕种。在欧洲所有的大城市中，罗马的绿地面积是最大的。他们把绿地利用起来，生产粮食。大部分城市居民对此都表示支持。共享菜园很快发展起来，数量在 2013 年从 100 个增加到了 150 个，分布在城市的各个地方。居民们也把自己拥有的土地拿出来，无论这块地是在体育场周边，还是在楼下门前。罗马省将这种城市居民农业视作对另一场战斗的有力支持：反失业之战。我当场遇到过一群本地失业者，地方政府把 3000 平方米的土地交给了他们。他们曾是欧特佳信息技术公司的信息工程师，全公司有 1800 名员工。公司不缺业务，但管理者挪用公款做投机，最终被追究法律责任。这群失业者，都有四十岁了，他们告诉我："我们再也找不到工作了，我们太老了！"2009 年，正值这场社会冲突让他们和企业之间形成对立之时，几十名员工围困了公司所在地，他们想出一个计划：去种地，以实现自给自足，并给周围街区民众供应食物。一位加入共享菜园行动的员工带来了自己种的蔬菜，引起了其他人强烈的兴趣。于是，员工们一被解雇，就决定筹备这项计划，不仅为了能够使基础食物的获取得到保障，也为了避免与社会隔离，始终保持跟社会的联系，就像之前的工作把他们和社会连在一起一样。总之，他们联合起来一同面对失业带来的问题。他们种的食物除了供自己吃外，还卖给他人。他们种蔬菜水果，橄榄树和葡萄园数量多达好几百，所养的奶牛每天能产 1000 公升牛奶。无论是在保障食物供应方面，还是在失业者再就业方面，在所提出的众多解决方案中，这项省市政府大力支持的计划，都使罗马成了今天的最佳典范。

这项计划涉及的人群，是教育程度较高的，而在法国，转向有机或本地产品的，通常也只是那些生活富裕、思想自由开放者，而不是普通阶层。如何才能使本地化消费成为普遍的行为，而不仅仅是富裕阶层的边缘性行为呢？

这个问题问得正好。我们回到罗马这项创举，我走访过的共享菜园中，有一个是由移民照管的。同样，在柏林，我见到的许多共享菜园也是由移民打理的。我曾经问过一些来自南斯拉夫的妇女，问她们为什么要来菜园干活儿。她们答道："如果我们自己种菜，我们就能吃上优质的食物。没有菜园，我们就只得购买那些劣质食品了。此外，作为难民，我们在这里不属于任何一个集体。然而，来到这里，我们结识了新的朋友，并组成了一个紧密团结的新群体。"在法国，也一样，共享菜园并不只是关系到富裕阶层，而是遍地开花，包括普通街区。穷苦百姓，他们早晚也会去农民经营的市场或其他短循环销售渠道选购食品，因为只有它们才能在食物供给不稳定问题面前，给消费者提供既经济实惠又健康环保的食物。由于没有中间环节，有机产品，大家更能买得起，尤其是也没有必要买得过多——这恰恰与那些营养价值低的产品相反——因为，同等数量的有机食品更有营养。我深信，饮食习惯的改变，力量无穷。这种改变是珍贵的馈赠，让我们能够重新充满力量。政府做决策，往往需要相当长的时间，而且投票表决后，又会绕开行事。与之相反，消费者的行为改变，其效果立竿见影，并能产生一定的影响。消费者抵制的产品，必定会停售，而吸引民众的正经买卖，注定红红火火。于是，生态转型很快地加速前进并落到实处。我们每个个体的行为有效地改变着全局。

2

.

.

.

原料之战

....

.

.

抵抗

您是护林员的女儿，森林在您的童年里占据着一个什么样的位置？

森林这个环境，在我受教育的过程中起着十分重要的作用。每年冬天，我们都会去广阔无垠、远离一切的荒郊野外，待在父亲身旁，过上三个月。当喜马拉雅山谷覆盖着皑皑白雪时，当北安恰尔邦的小学生回家暖暖地过假期时，我的姐姐米拉、哥哥库尔迪普和我就会跟随父亲，带着几头驮着沉甸甸行囊的马儿，走向喜马拉雅的森林最深处。我们每天要静静地走上20到30公里，一直走到印度森林管理处的小木屋。父亲以那里为基点，环顾四周，观察动静，执行护林员的任务。高山中的小木屋里，没有水，也没有电，只能靠一口平底锅或一个壁炉暖屋。生活条件非常艰苦。每当夜幕降临，我们不得不离开温暖的壁炉，钻进冰冷的被窝儿，那是我记忆中吃过的最大的苦。如果说，我们有时会经历凛冽的风雪，那么由于父亲的工作关系，我们更常去温和的低海拔地区，甚至是亚热带山谷地区。碰到植物，父亲就会跟我们讲它们的不同用途：食用、药用或农用。这让我兴奋不已！到了晚上，我们回到森林里的小木屋，有时也会搭个帐篷露营。我们吃马儿驮来的米、小扁豆和土豆。但我们的行李中也有很多书，带过来是为了晚上读。那些年在森林里读过的书，我现在还依然视如珍宝般细心地保存在书架上。当我翻开这些书时，偶尔会发现夹在书页中的干花干叶，真是激动不已。那是我和姐姐用在森林里捡拾的植物做成的。20 世纪 60 年代的事了，当年我们还是小女孩儿。

您怎样看待人与自然的关系？

我认为人与自然是密不可分的。印度诗人罗宾德拉纳特·泰戈尔说过，分离——无论是人与人之间，还是人与自然之间——通往奴役之路，而团结则能获得解放。然而，我们已经和"自然母亲"有了距离，生态危机正是因这分离而诞生。我们不能这样生活下去，这样置身于生态系统之外，即便我们时常有这样的错觉。我们是自然的一部分。地球是由土、水、火、气和空间这五种元素构成的，我们人类不也是由于这五元素的存在得以生存的吗？难道不是植物合成的氧气让我们能够呼吸吗？在这一点上，生态系统的价值是无法估量的。联合国环境规划署的"生态系统和生物多样性经济学"项目特别指出，人类活动对资源的影响造成生态系统服务功能的丧失，每年的损失价值 2 万亿—4.5 万亿美元。[①]这样的计算，实际上暴露出了我们与自然之间关系偏离了正轨，寻求解决办法时也是误入歧途。所谓的绿色经济，事实上是以保护环境为借口，不惜一切代价，让原本树木、土地和动物给予我们的无价服务变得有偿：授粉、制造空气、洁净水质、气候调节……但我们一定要对这些机制进行解剖，还要给出一个用金钱来衡量的价值吗？这把我们引向另一条死路：生态服务市场的诞生。甚至是当我们给对自然的破坏定一个价时，我们仍然是从市场的角度看生态系统。将生态服务货币化，实际上，就是将其商业化。

您行动主义者的生涯始于保护原始森林的"抱树运动"。面对切割机和武器，女人们用双臂紧紧抱住大树。为什么这些贫苦的母亲为了保护树木宁愿牺牲自己的生命？

您说的是"契普克"运动中的妇女。我行动主义者的生涯开启之初，就加入了这场运动。那时我 21 岁，成了组织

①《生态系统和生物多样性经济学的主要结论》，联合国环境规划署，2010 年。

中最年轻的一员。我的母亲之前也加入了，我们并肩作战。这次经历，对我之后的人生完全起到了决定性的作用。您提到的事件，是1973年4月，在地处印度与西藏边境上的曼达尔村发生的。伐木工来了，要砍300棵白蜡树给一家体育器材公司。还没开始砍，就听见鼓声雷动，震响森林。村民们蜂拥而至，手拉着手，三人抱一树，就这样把所有要砍的树都给抱住了。他们表示宁可死，也不能让原始森林任人宰割。森林，可是当地居民真正的粮食库啊！这一反毁林运动，就叫"契普克"，意为抱树，这个名字就来源于这次以抱树为形式的反抗行动。农民们的意志是如此坚定，那些伐木工最后终于做出了让步，一棵树也没有砍就离开了。那家体育器材公司的领导，随后很快找到了另一处森林，离运动事发当地距离80公里……但曼达尔抵抗事件的消息，传得比伐木工的脚步还要快。长达6个月的抗争终于让该公司万念俱灰。这几次行动激起了民众的热情，也使紧张态势不断升级。数百个小村庄在此之前已经尝到了砍伐森林的苦果：林业资源丧失、洪水泛滥、山体滑坡，吞没了人们的家园甚至整个村庄。在北安恰尔邦的陡峭山坡上，树木再也不能起到保持水土的作用。除了这些灾难之外，日常生活中，妇女们再也不能摘森林里的果子给村民们吃，不能拾柴回家做饭，也不能带着他们家养的动物去林中吃浆果了。资源遭受破坏，家中的母亲和女儿，尤其受到影响，她们是最先站出来反对企业的。有时，面对随伐木工一同前来的警车，好几个村庄的女人团结起来，一齐呐喊："要砍这树，先来砍我！"这些女人，是我的战友。与她们并肩作战，是我人生中具有决定意义的经历。

您那时的研究，将伐木、采矿行为与您家乡的可饮用水资源面临枯竭的危险联系起来。您认为，几十年后，企业和公民，会明白这三者之间互为依赖影响的关系和"生物多样性"这个词本身的含义吗？

我不认为企业能更好地明白这些，但对于某些政府、非政府组织和公民，是有可能的。工业，已经变得比以往任何时候都具破坏性，特别是在矿业。

您如何解释，这种盲目最终会导致自身利益的损害？

工业可能明白自然规律和生物多样性，但并不因此而改变策略。全球化向企业发送一个讯息，那就是它们能够避免自食恶果。于是，企业就站在了世界这一层级，逾越或是打破了国家的规定。企业在人与自然面前，自认为强大不已、无所不能。大批企业涌入最主张宽容、物价又便宜的国家，只为降低生产成本、刺激消费，包括消费我们从前不需要的物品。熟食和有包装的加工食品，真的对我们有用吗？在印度，以前人们都是自己做炸糕，做好了盛在盘子里。没有包装，是我们对资源的消费最简朴的方式。然而，整个国家都在制造有包装的加工食品。这些炸糕由工厂生产，用锡纸包装起来，然后运输出去。它们有着恶劣的影响：这样一个行业，与许多其他行业一样，会增加铝土矿的开采量，促进矿业的发展。然而，仅拿水这一种资源来说，至于我们开采到何种程度会让水资源陷入枯竭的境地这一问题，无论在哪一个层面，都没有任何预测。但，如果我们将水资源的重要性列位于矿产开采之上，并有一种随时面临枯竭的警惕性存在，问题就会有所缓解甚至消失。

公民们是否意识到了那些企业对原料和公共财产的操控？

为了回答这个问题，我想向您讲述一起让我印象深刻的事件。这起事件发生在欧洲。那是在 2010 年，当意大利政府欲意颁布一项水资源私有化的法律时，公民们组织了"为水而战意大利论坛"（国家级和地区级协会联盟）。一场全民公投开始了。一共三个议题，分开征求民众意见。这三个议题分别是水资源私有化、重返核能和总理贝卢斯科尼本人司法豁免权的问题。公投于夏日假期的第一个周末进行，但意想不到的是，有 57% 的投票者都去现场投了票。在意大利，这类全民公投，最近十六年来都达不到法定人数要求（50%加1票）。然而这一次，投票人数却超过了法定人数——使全民公投具备有效性所必须达到的规定人数。此次公投中，每一个议题，90%以上的投票者都投了反对票。因此，建立水资源管理与分配的私人部门这一议题，与其他两个议题一样被否决。意大利政府原本提议，将水资源的管理权基本下放给私人企业，只剩30%留给地方政府。这次大批民众齐声反对，表明了他们把这个问题放在一个很重要的位置上。此次事件再次巩固了水资源这一公共财产的地位。而所谓公共财产，就是每一位公民都应当可以自由享有的。在此我想提醒大家，享用水资源是一项人权。2010年7月28日，联合国大会通过一项决议，肯定了享用健康洁净的可饮用水是一项基本人权，对于生命权的执行是至关重要的。此项决议获得122票赞成，41票弃权，无反对票。[①]从现在起，就必须维护这项权利。

一家大型饮料跨国公司的工厂，由于肆意开采地下水，致使印度喀拉拉邦含水层面临枯竭，对周边农民造成致命性打击，随后遭受指控，最终停工关厂。这其中有您的功劳。

---

① 第64届联合国大会第108次全会。

2011 年，通过一项法律，允许农民对破坏环境的企业提起诉讼。这个案件是在什么样的情况下发生的？

起初，跨国公司的到来，对当地居民而言，呈现出来的是一种机遇，一种不容错过的机遇。它承诺会创造大量就业机会，且每年向所在地政府上缴一百万卢比（相当于 12000 多欧元）的地税，无疑给了这个地处盆地的三万人口之邦一个美好未来的希望。人们把自己的土地卖给了工厂，厂房迅速建起，厂房占地面积 37000 平方米，整个工厂地域总面积 15 公顷。光鲜亮丽的建筑，时新先进的车间，完美的沥青路面，仿佛令人对那些希望更加确信。但之后的失望却只有苦涩，绝无其他。

到底发生了什么？

为了制作饮料，该工厂开采了太多的地下水，以至于工厂周边十几口井全部枯竭。留给当地居民使用的水原本就少得可怜，却也被污染了。该跨国公司获许生产 561000 升汽水……这可是每天的量！殊不知，生产 1 升饮料所需要的用水量是 3.8 升。身为农民的达利特①，原本就几乎一无所有，没了水，他们就再也种不了地、做不了饭、洗不了澡，甚至连水都喝不到了。500 多户人家断了饮用水，不得不借用邻居家的井。因水质问题而引发疾病的案例也不断增多，但当初并没有想到是水源遭受污染所致，人们也是后来才意识到的。许多新生儿，不是腹泻，就是出现皮肤问题，很快人们便频繁奔赴医院，每周都有两到三人因水质引发的问题去看病。当地人在烹煮食物时，发现需要用比以往更长的时间才能将食物煮熟，浣洗衣物或洗漱时发现水不再起泡，这些也让他们感觉到原来是水受到了污染。求助于供水车已成必要，有些妇女还不得不带着塑料水罐步行数公里去取水。

他们采取了什么行动作为回应？您在他们的抗议行动中起了怎样的作用？

起初，民众的抱怨被一笑置之，因为在像这样的跨国公司面前，普通贱民居然占理，这恐怕是说不过去的。寄请愿书给地税官员、当地政府、污染管理部门、水资源部门及其

---

① 在印度，这个词意为（经济、社会、文化等方面）处于最不利地位的人。

他机构，却全部漠然以待，连个回音也没有。市政府不支持他们——受了税收的束缚——各政党在这场斗争中也无利可图。2002年，我接到了普拉奇马达村民们的第一个电话。我并不认识他们，也不知道在电话那头讲话的人是谁，但凭着我对这种抗议行动的了解和经验，很快明白是有警察镇压了抗议。

实验室的检验结果，还是给这场抗议提供了可信度高的证据支持，从科学角度上证实了工厂附近的水不适宜人类使用，不应当用来饮用、洗漱、清洁食物或衣物，更不能用于灌溉农田……于是，我亲自去了趟普拉奇马达村，工厂门口有1300人等着我。那天，被警察关押入狱的人数达到了130人。我决定让这场斗争作为标志，来证明农民也有被尊重的权利，并在与大企业的斗争中取得胜利。我联系了当地的显赫贵族，说服他们给予支持。其中有一位报业领导，因同意支持我们，而失去了该跨国公司每年1600万卢比（相当于197000欧元）的广告费。这家跨国公司，看到这场抗议动员不断展开、形成规模，便试图收买市政府。但政府工作人员将该跨国公司的行贿意图视作他们罪恶的补充证据，他们抵抗住了金钱的诱惑，虽然这是他们原本所需要的。我的贡献还包括邀请若泽·博韦和生态环保主义者莫德·巴洛[1]与村民们见面，并去工厂门前示威。第二天，印度各大报纸都发文支持普拉奇马达村民，政府也几乎立马做出回应，2004年2月17日，即示威活动三个星期后，政府首脑就亲自宣布村民们苦等了两年的消息。政府下令，让该跨国公司的工厂在三十天内关闭。从那以后，生产链就没有再转起来过。我想说的是，这次村民们的胜利，应归功于他们自身的坚定决心。因为最初斗争动员的发起者，就是那一小撮儿农村妇女。两年中，是女人们日日在工厂门前静坐。如果没有她们，一切都不会改变。

普拉奇马达村斗争之后情况怎么样？又发生了什么？

由于印度其他地区也存在同样的问题，此次工厂关闭的消息四处蔓延，对其他地区民众来说，也是一种鼓舞，因为他们也与进驻当地攫取资源却未受任何制裁的工厂发生了冲突。于是，普村胜利一年之后，我们组织了一场全国性的示威活动：10万示威者在这家大型饮料跨国公司的四十余家工厂周围组成"人链"。一份"普拉奇马达声明"广泛

---

[1] 2005年获另类诺贝尔奖，有多部著作，其中就有2010年生态社会出版社出版的《向水资源公约迈进》。

流传。声明指出"一切将水资源私有化并商业化的企图，无论如何都是我们应该抵制的罪恶行径。只有采取抵制行动，才能保护人类对水资源的获取权，这是一个对于全世界人民而言不可剥夺的基本人权"。不幸的是，该跨国公司却对这样的讯息充耳不闻。大多数跨国公司只有一个念头，那就是无限度地发展。

我们再来看看普拉奇马达村的特殊情况，在工厂关闭之后，印度勇士经历了长期的战斗，才使之前被认为有失偏颇的观点正式得到认可。2010年3月，政府颁布了一份官方报告，报告中指出，该跨国公司对水资源的缺失负有责任，造成的损失价值四千八百万美元。该跨国公司有义务补偿农田减收、健康受损、收入锐减、水资源遭污染的受害者。

受害者后来有没有得到补偿？

没有。上述报告促使喀拉拉邦于2011年一致通过一项特殊法律①，该法律以"污染者付费"原则为基础，为普拉奇马达当地居民有效地追究跨国公司的法律责任提供了可能。但

① 普拉奇马达事件受害者救济品与补偿要求特殊裁判所法案，2011年。

这项法律还依然是一纸空文，没有一个政党真正动员起来将它实施。于是，三年的等待之后，抗议声浪越来越大。

今天，这家公司在印度的情况如何？自普拉奇马达事件之后，它的行动策略是否有所改变？

如果我告诉您，就在几个月前，这家大型饮料跨国公司宣布要在我们九种基金会的生态农场门口附近建工厂，您会相信吗？这个农场是我们组织的诞生地，我们培育出来的种子，在全国各地流通啊！2013 年 4 月，北安恰尔邦政府签字同意他们在一个临近沙巴村的地方建工地。他们打算将森林夷为平地，投资 60 亿卢比建一家饮料灌装厂。得知此事后，我召开了一个记者招待会，并着手在当地组织一次运动加以阻止。一系列的公开会议、意在唤醒民众意识的宣传活动，让当地居民更深刻地了解了事实的真相。之前，该公司进驻该地，并没有征求他们的意见，因而他们把其告上了特别最高法庭。一年之后，也就是 2014 年 4 月，村民们赢得了诉讼，使其计划流产。除此之外，在同一时间段，政府还下令关闭了另一家距离麦迪迦尼地区贝那拉斯圣城几公里的工厂。那里也是同样的问题，工厂的生产活动耗尽了地下含水层并污染了水源，当地居民向政府检举告发，斗争多年。因此，我十分乐观，在整个印度掀起的争夺水资源运动如火如荼。人人都明白，这家公司的发展自然而然就意味着对水资源开采的增多，尤其是在一个缺水的国度。

面对印度民众大规模的抗议，这家大型饮料公司使出浑身解数，制造各种骗局。汽水业巨头散布广告信息，声称他们虽然使用了水资源，但能带来更多的水。事实上，拿他们位于卡拉德拉（拉贾斯坦邦）的工厂为例，在当地水资源储备已耗尽的情况下，他们声称能通过收集雨水的方式来增加水资源储备，而这一储备量可以达到之前他们所用地下水量的 15 倍。但在当地所做的现场调查结果，却表明这简直就是天方夜谭。况且，在那里，没有任何设备可以测量雨水的收集量。他们所公布的数字，是通过数学模型计算出来的。但如果您要申请看一看他们解释这一数字是如何得出来的文件，他们就会告诉您这些文件只供内部使用，不能给外人看……（总之，他们躁动不安，大行"漂绿"之能事，标榜其建造雨水收集系统的功劳和在周围地区买井的行为。）这一类行为，让他们在可持续发展报告和宣传交流活动中可以大做文章。但这些行为并没有建立在任何实际行动的真正转变之上。我们只是希望他们能承认对当地水资源的耗竭是负有责任的，但他们却一直拒绝。信息是一个闭合的回路，那些大企业用碎片化的事实拼凑出各种信息，然后再由媒体传播出去。那些对世界上所有其他人说剥削不会损害任何人利益的，就是剥削者本人。企业的这种呈增长态势的孤意独行，构成了对民主的最大威胁。我想提醒大家注意的是，如果没有这些跨国公司，在一个和平的状态中，我们是不会面临水资源稀缺问题的。地球的 70% 都是由水组成的，且人类拥有大量的可饮用水，这些淡水资源还在永不停歇地更新循环。

军队为工业服务

印度中部的那几个地区，尤其是他们丰富的矿产资源，也越来越备受企业的垂涎。具体表现是怎样的呢？

这片领土是我们国家矿石、森林和水资源最丰富的。在这里，还有一个从未被英国人殖民过的部落群。这个部落群，他们当时无法占领。而且，即便是独立后，印度公务员也无法涉足。当全球化兴起，在对铁矿石、煤炭和其他资源极大兴趣的驱使下，各大企业便试图披荆斩棘开辟道路。但与此同时，1996年，对部落民众有利的一些法案经过投票得以通过，赋予了他们自治的权利，即自主决定权。实际上，这也就是在法律上承认了由来已久的事实状况。在某些情况下，这些法律条文派上了用场。比如，我记得一个德国公司的建厂计划。当时，当地人民实现了自己的决策。他们邀请我加入证人团。于是，我见证了他们一边手拿地图一边研究该公司提议的漫长过程。三天的讨论结束后，各部落表示："如果我们接纳这个炼钢厂，我们会有很多钱。但同时会失去我们的森林、房屋、土地，我们的回忆、祖先和我们的文化。我们将会沦为生活在大城市的难民和贱民。然而，我们想要留在这里。所以，我们是不会把土地给他们的！"于是，他们拒绝了德企的提议。

这种情形是如何演变成一场原料之战的？

部落群的这种自由，持续的时日不长。一段时间之后，又出现一个炼钢厂的计划，他们再次向我求助让我做证人，但我们在半途中受到了阻拦。警察总长亲自到场，声称要"护送"我们，而我对他说："您的意思是要逮捕我们？"他回答道："哦，不，不，女士，我们在保护你们的生命安全。""如果我们生命危险，为什么不逮捕那些威胁我们生命安全的人？"我提议道。我们没有获准回到村庄。就在没有证人、无法对峙的情况下，政府成功地伪造了该部落群人民的意见。成千上万的当地居民揭竿而起，大声疾呼："你们在拿我们的宪法和我们的民主权利开玩笑！"许多人被捕入狱，其中包括妇女和儿童。一些老人也被送进监狱。在此之后，当政府和企业明显意识到这些部落民众绝不会允许外人开采他们的自然资源时，警署在这个地区布下了越来越多的警力，为那些觊觎当地资源的大企业服务。于是那时，我意识到印度正在变成一个服务于企业的国家，让它的军队由企业来支配。当然，由于这些部落群民众不断地被边缘化，纳萨尔派的运动在这些地区发展起来。当地居民非常欢迎他们的到来。今天，在印度三分之一的领土上都能见到纳萨尔派分子的身影，他们的权力正在不断上升。

他们是谁？

这项纳萨尔派的运动从 1967 年起就开始了。他们在矿产资源备受觊觎的地区，为穷苦百姓和无地农民的利益开展武装斗争。他们的战士来自百姓，扎根于农村地区。他们的胜利，源自最穷苦人民的愤慨和让农民成为受害者的剥削行为。他们能够长久地存在，得益于农民的支持，同时也由于政府无法为改变农民的命运，而开展变革。这些被遗忘在角落里的民众，清楚地看到了他们微薄的财产、少得可怜的积蓄，还有备受外来企业威胁的生存机会。这些企业，在印度经济飞速增长的大背景下，不顾一切强占地下资源。[1] 最近十年来，武装斗争的暴力程度明显增加，以至于总理曼莫汉·辛格于 2006 年宣布纳萨尔派分子已是"国家安全最大的

---

① 范达娜·席娃，施蕾亚·贾尼，苏拉克斯莎娜 M.芳塔娜，《印度土地大掠夺》，九种基金会，2011 年。

内部威胁"。

这场原料之战是怎样爆发的？

印度中部邦遭受着严重的武装冲突，但在世界的其他地方，通常无人谈及此事。有数据表明，2005年至2012年间，这里的死亡人数多达6000人。这场暴力的火苗于2005年点燃。那一年，为铲除纳萨尔派组织，一支队伍建立了起来，他们四处横行，烧毁房屋和村庄。这场武装运动被描述成一次自发的反对纳萨尔派的部落起义，但我们后来得知实际上是印度政府自身迫于企业家的压力而发起的。面对隐匿于民众中的纳萨尔派分子，当权者采取了一项策略，那就是，将他们认为所有可能成为反动分子食宿藏身之处的房屋和村庄夷为平地。换种说法，就是杀鸡取卵。同样，在一场名为"绿色围剿"的官方行动中，政府在该区域，用几年的时间就布阵了5万多士兵。

这场游击战，按照官方的说法就是，以反对本地区的纳萨尔派分子为目的，而事实上，是为了给来此攫取资源的工业巨头扫清障碍。绿色围剿行动，场面十分恐怖：直升机扫射村庄四周的部落民众，成千上万的逃难者被关进营中①……
这次围剿于 2010 年正式停歇，但冲突依旧继续。为这场冲突
火上浇油，政府就可以为所欲为地剥夺人民的财产。

他们如此横行霸道，您这样一位行动主义者是怎样回应的？

我们宣布成立一个民间独立法庭，旨在审理霸占田地、
掠夺资源和绿色围剿行动的诉讼案件。这一法庭，同 1988 年
我在柏林参与的反对世界银行和国际货币基金组织的民间法
庭如出一辙。还有其他的例子，如国际人民法庭审理巴西阿
雷格里港债务问题（2002 年），反世界银行行动在印度爆发
（2007 年）。其实，这种法庭的审理结果，是没有法律效力的，
即便上庭的就是事件的受害者，律师也确实是真正的人权律
师，参与进来的还有重要的政治人物和传统法庭的所有相关
人员。总而言之，这场诉讼是由民间社会发起的，目的在于
告诉人们，对于惩罚肇事者我们还缺乏有效的法律手段。但
还是希望能促使人们采取行动，对这样凶残的暴力行为，以
同样的力度进行反击。庭审，能让绝望的人们站出来说话，

①《"采取中立态度是我们最大的罪行"：印度恰蒂斯加尔邦地方政府、
安全部队和纳萨尔派武装分子的猖狂行动》，人权观察组织，2008 年。

让其他人听到他们的声音。[1] 在各位法官和同意组建一个象征性陪审团的政治人物面前，部落人民出庭做了证。许多大人物都旁听了此次庭审，有比安卡·贾格尔[2] 和阿兰达蒂·洛伊[3]。而印度各大媒体也别无其他选择，最终，众多的记者还是来到了现场。亲身经历暴力事件的证人们描述着肆意逮捕、拘留、记者被残害、村庄被烧毁，还有其他酷刑……各种场景。当在场的听众得知这些横行霸道的猖狂行为与遥远之地的行动模式有着惊人相似之处时，倍觉不安。审判庭里座无虚席，所有听众在长达三天的审判过程中，端坐如钟纹丝不动。此次庭审行动激起了印度民众的愤怒，政府也不得不停止了绿色围剿行动。

这种由于原料被掠夺而发生的暴力行动，是印度的特殊情况吗？

不是，这种现象世界各地都有，只不过表现形式多种多

---

① 《国际人民法庭土地获取、资源掠夺和绿色狩猎行动案》，印度制宪会议议员联合会，新德里，2010 年。

② 比安卡·贾格尔，米克·贾格尔的前妻。她承诺并投身捍卫人权的事业，获过许多奖项，因此而著名。

③ 阿兰达蒂·洛伊，这位印度女性，写了很多书，其中一本名为《微物之神》，荣获 1997 年布克奖。

样罢了。尤其是侵占土地这种情况，各个发展中国家都有，大部分贫国农民都深受其害。联合国粮农组织的一项名为《是土地的侵占还是发展的机遇？》^①的报告指出，投资者在非洲掠夺了 200 万公顷的土地，埃塞俄比亚受害尤其严重。因此，我亲自前往深入调查。在当地，民众完全接受了金融游说集团给出的理由。当我与城市居民谈及至此，他们对我说，这些土地就是些废弃的荒地，埃塞俄比亚人应当对其原始落后的农业进行反思。那里，和其他地方一样，投资者钻了法律的空子，因为将哪块土地分给谁，是属于习惯法的范畴，但习惯法并不是一部成文的法律。所以，土地没有所有权，企业可以购买，换句话说，就是用完全合法的方式违反祖宗的规矩。以前曾经发生过的殖民行为，和如今正在横行的做法有着惊人的相似之处。今天，和昨天一样，这种侵略现象特别严重。当地居民世世代代都依靠这些土地获取维持生命的必需品，无论是作为团体还是个人，他们的社会身份都深深地扎根于土地之中。

---

① 洛伦佐·克图拉，索尼娅·维莫伦，瑞贝卡·莱纳德和詹姆斯·基利，《是土地的侵占还是发展的机遇？——非洲农业投资和国际土地交易》，联合国粮农组织，国际环境与发展研究所和国际农业发展基金，2009 年。

在印度或其他地方的采矿行为，难道并非像印度政府所说，是创造就业机会、促进发展的源泉吗？

用"就业机会"这个词，十分刁钻。这意味着有人给您一份工作。但在印度，民众实现了自治，他们自己就能给自己工作。靠土地生存的部落民众，并不是失业者：75%的印度人耕田种地，为自己劳作。[1]如果我们任凭百事可乐大行其道，与农户签订合同，那么5000人中只要有一人签了，就意味着几百万人将会失去他们赖以生存的生活来源。因此，我们不应再用"就业机会"这个词，而应该用"创造性劳动"。轻视小农、重视企业和它们所谓的"就业机会"，会导致资源的私有化，使企业获益。这正是世界银行所提倡的，它提议，以可商议配额的形式在印度建设水资源市场。此种机制有利于所谓的"最好的水源供应商"，剥夺了原本属于小农的水资源，将其分配给财力雄厚的密集型农业开发者和跨国公司。那些跨国公司可以随意使用水资源，因为它们没有遭受水资源枯竭之苦，且总有权购买水资源。而这，损害了农民的利益，引发了社会灾难，就如同索马里的情况展现出来的那样，以行动自由为名义，让整个国家陷入深重危机。原因之一，

---

① 《印度：农业议题与优先权》，世界银行，2012年。

就是水资源的私有化，它是建立在任何生态或社会层面上的限制都不应阻碍水资源使用这一观点基础之上的。

然而，还有更糟糕的是，极端自由主义者认为，环保事业不应该阻碍私有化，他们毫不犹豫地以捍卫环境的名义掠夺资源。很不幸的是，对水资源或土地的掠夺，往往是打着绿色环保的旗号。如，世界银行表示，由于没有产权证书和可商议的权利，农民们忽视他们的土地。换句话说，就是农民有不好好对待土地的嫌疑，因为土地并不是他们的正式财产。比如，他们可能不会采取一些长期的措施，如提高土壤肥力。然而事实上正好相反，土地可以证明一切。肥田护田最好的典范——如喜马拉雅地区的梯田耕作——就是完完全全建立在对当地民众永久信任的基础之上，这一点源自习惯法：农民对土地的拥有权世世代代备受保护，不受任何威胁。如此，他们才安心长久地为美好愿景辛苦劳作。简言之，使资源私有化，就是预先假定只要是给某物标了价格，就能赋予其价值。然而，恰恰相反的是，所有为反对侵占土地、掠夺水源而战的非政府组织，都要求把各种资源和公共财产的获取权视为一项不可剥夺的权利。

在您看来，为什么西方媒体对印度这场冲突闭口不谈？在这场冲突中，富国的责任是什么？面对东西方如此大的差距，该如何行事？

066　　　　欧洲人为他们自身的危机发愁，并且也越来越将印度视
为一个拥有高增长率、飞速发展的国家。但事实上，与欧洲
相比，印度公民和印度的环境，都承受着更多的苦难，尤其
是因为这片南亚次大陆的各种资源都直接受到威胁。欧洲人
应该明白，他们是自食其果，今日的苦难正源于他们亲手建
立的特权，尤其是他们的生活方式。引发欧洲危机的因素，
也在印度引发了一场更为惨重的危机。欧洲几乎什么都不生
产。你们家里的东西，有很多都是有中国制造的标记，而使
用的则是印度的资源（钢、铁、棉花等等），这些资源来自
冲突不断的地区，或是来自上演农民自杀狂潮的农产区。欧
洲的消费者应该知道，围绕原料而产生的暴力事件，对我们
的民主是有害的。我担心印度的情形会越来越糟，而这一切，
在 20 世纪 90 年代都是无法预计到的。印度的和平，一定程
度上取决于西方对其经济重新定位的能力。一个地区的就业，
应当由当地及周边地区的资源来支撑，并服务于当地需求。
这样做，也许欧洲能够得以重建并走出危机，同时也能减少
给我们带来的压力。

3

．

．

．

种子的自由

种子虽小，却至关重要

农民的种子，是什么意思？

　　农民的种子，是历经千百万年自然演变，数千年来由农民使用并经农民之手在世界各地散播开来的种子。它们是农民的劳动成果，而非种子公司的产品。它们体现了自然的智慧，各种不同民族的文化也在它们身上留下了烙印。就拿玉米来说，中美洲农民开发的上千万个玉米品种，都是从人们所发现的一种野生植物衍生出来的。同样，在印度，农民们也由在自然界中收获的一种野生水稻，衍生出上万个不同的水稻品种。因此，农民的种子，其定义是与生物多样性这一概念紧密联系在一起的。

　　使用种子的农民，他们所起的作用也是决定性的。细心选种、育种，以获得优质的种子，这是他们生活的核心。种子的质量，决定着作物能否长得茂盛，也决定着成熟之后收获的食物是否营养丰富。年复一年地保护并培育这样的种子，是农民工作的重中之重。他们所关注的，就是尽可能获得最好的种子。经过自然生长过程，或是通过农民的劳作，种子最终又会变成种子，它们处于一个永恒的循环之中。这对于生物多样性、食品质量，当然还有生态环境的抗击能力来说，都是有贡献的。这一种子繁衍者的角色，也将农民们一个一个团结在一起。因为，没有一个人，能够仅为自己的利益而做这项工作，所有人之间，都存在着相互依赖的关系，其他的劳动与自然紧密相连。

农民的种子与杂交种子有什么区别？

杂交种子最基本的特性就是不能传宗接代，它们的第二代是没有繁衍能力的。换句话说，第一代产品是稳定的、均一的，但之后，如果我们想进行再生产的话，这些种子就会退化。种子公司所采用的这种杂交手段，就是为了创造出完全不稳定的品种（与一代一代传下来的种子演变过程是不同的）。于是，农民年年都得购买种子，因为这些种子不可能有下一代。种子业也断言，这开创了一个"垄断市场"，俘虏就是农民。有史以来，世代传袭的农民自留种所受的第一次打击来自杂交种子，特别是杂交玉米种子。从那以后，种子就变成了工业产品，而不再是农民劳动的果实了。

在我看来，那些杂交种子就不是真正的种子。事实上，种子业创造了一个新的种子概念，与我刚刚描述的农民的种子恰恰相反。这种种子的运作机制有两大支柱，第一大支柱是标准化。为了实现规模经济、提高效益，企业需要在全球各地出售同样的种子，运用同样的生产方式，使用同样的防治病虫害产品、同样的杀虫剂和除草剂。第二大支柱是均一性，处于种子业战略的核心地位。除了均一性，还有不育性，这是为了防止农民自己育种。

为什么农民们把自留种换成了杂交种子？是什么引起了他们的兴趣？您能给我们解释一下，第一批放弃古老的自留种而使用新型杂交种的农民，当初预计能得到哪些好处？

为了回答您这些问题，我得借用一个具体的例子，一个印度的例子。在这里，农民们选择杂交种子（后来又选择了转基因种子）是与政府下发的政策和农化公司狂轰滥炸式的广告宣传分不开的。政府制定了一些法律，优先发展均一化农业，并把生物多样性视为一个需要整治的病态根源。因而，并不是市场选择了杂交种子。事实上，不是农民说："我要放弃自己的种子，去买杂交种子。"而是政府执行了一项宏大的种子规划，并将其纳入绿色革命的政策中。[1]政府给农民提供新型种子，并给予大量的资助。起初的着眼点，也就仅仅是想保证收成。一开始所选择的种子，主要是为了能抵抗田间到处喷洒的化学药剂，那些种子还是具有繁殖能力的，由政府免费提供。后来，政府从种子公司购买杂交种子分发给农民。但政府只支付一半的费用，另一半由农民自己出钱。于是，那些不再自己育种的农民，就成了这个体系中的俘虏。然而，自留种消失的速度特别快，因为一旦留下来的种子一季未播，一年之内就不能用了，也就再也没有种子了。人人都指望他人，心想也许哪位邻居、哪个大叔，又或者是另外一个村子里的朋友留了种，但最终谁也没有留。两三年后，政府不再介入农民买种事宜。它退出了该体系，于是，留下农民独自面对种子公司。在还未意识到这前所未有的危险境地时，农民业已成为种子公司的附庸，不得不以高昂的价格向他们购买杂交种子。

广告和宣传是如何影响农民最终选择放弃自留种的？

几年前，印度政府和种子公司联合发起了一场名为"换

---

① 普拉奇马达可口可乐事件受害者救济品与补偿要求特殊裁判所法案，2011 年。

种"的大规模运动，作出非常科学诚恳的样子。宣传话语力量强大，促使农民放弃了他们自己的种子而采用新种，因为他们的自留种被看作是"原始的、价值低微的、落后过时的"，而新种子则是"先进的、优质的"。所有起初不相信这一宣传话语的人，都会得到 500 卢比。后来，不仅大部分人接受了这笔钱，而且他们随后都把这一好消息转告给街坊邻里。针对种子的替换，当时还出台了一项法案，差点儿在 2004 年正式生效。如果是那样的话，所有的传统种子都会被取代。那时，决策者欲意强制推行高度标准化的种子，而严禁源自生物多样性的传统自留种。

您那时是如何反对这项政策的？

我们开展了斗争，并且于 2004 年成功地废除了我刚刚提到的法案。我们的战略是：分析政府的规划项目和他们的目的。我们发现，政府衡量一种农业开发模式成功与否的标准，不是看它的产量，而是传统种子被替换的程度。能够实现 90% 替换率的模式就优于替换率为 80% 的。于是，我们在全国范围内，组织了一场拒不顺从的抵抗运动：农民们拒绝替换他们的种子。我们还发动了 10 万民众，集体联名上书。我把请愿书带给总理看，对他说，如果是甘地，就绝不会服从这项关于种子的法律，如同当初在赋予政府盐业垄断权的法律面前毫不退让一样。所以，我们也绝不会屈服。保护生物多样性难道不是我们的义务吗？如果要将维持种子多样性和农民自留种的行为定为重罪的话，那就太不可思议了。

杂交种子的危害有哪些？

这些种子的到来，大大增加了歉收的风险。比如说，杂交玉米种子在印度比哈尔邦就造成了高达几十亿卢比的损失。同样，政府规划项目中所选择的水稻种子也导致了贾坎德邦严重的歉收。面对这些灾难，作为回应，农民们转向新品牌的种子，但他们并不知道，其实这些新品牌往往也是出自同一家公司。那些跨国公司与印度的企业有着合作关系，因而农民买到手的种子是不是和前些年一样，谁都无从知晓。转基因种子也是如此：孟山都藏身于其下属品牌背后，其实卖给农民的，都是一样的种子，但农民却以为换了牌子，就等于换了种子。

如何区别杂交种子和转基因种子？

区别就是，杂交种子不含有另一物种的基因，而转基因种子有。其他细微的差别就是，杂交种子不能注册专利。相比之下，转基因多了一道合法的天然屏障，那就是不经允许使用专利种子进行再生产是违法的。

植物体内的每个基因都有其特殊功能，只需增加或减少一个基因，就能让它在能消灭周围所有杂草的除草剂面前毫发无伤。使用转基因种子这一行为的逻辑，就是以这一原理为出发点的。但在自然界中，事物并不是分隔开的。在现实中，基因都是共同协作的。比如，一种植物的抗灾能力并不单单只跟一个基因有关系，产量、口味或是产品最终的质量也是一样。因此，一颗种子乃至食物深层次的天然属性是不可以肆意开发的，也不能凭借其天然属性进行不正当交易。

继杂交种子之后，为什么大批农民又采用转基因种子？

在转基因方面，大型种子公司的广告宣传起到了很大作用，而且是决定性的。孟山都为了吸引农民，连我们各种神的名字都用上了，它就这样成功地让农民相信了以后会有很高的产量。农民们没有受过教育，容易轻信。为了达成目的，他们利用这一点，借助了所有能借助的诸神之力。其实，在转基因到来之前，随着政府对密集型农业的大力推行，整个农业俨然陷入错综复杂的境地，许多农民都沦为俘虏。他们中有不少人听从了建议，在历经几千年自然演变的自留种上施化学药剂，起初作物长势迅猛，而后就蔫儿了、死了，造成了很大的损失。旁遮普邦的水稻和小麦就出现了这种情况。

于是，面对这样的结果，农民们便直接把自己的种子换成了所谓的抗农药"高产"转基因种子。

在棉花生产方面，转基因的发展并不是因为农民对此满意，而是因为他们别无选择。政府开展的种子替换政策，灭绝了农民的自留种，所有的印度种子公司都落入了同一家跨国公司的魔掌：孟山都。如果说农民们只选择了转基因 Bt 棉花，那是因为市场上除了这种，别无其他。但是，很多农民之前并不知道这些转基因种子是不育的，也没有预计到这些种子在他们农场特殊的条件下（土壤、降水量等）长势并不好。

这一切都是关于印度的，那欧美的情况，您认为又是怎样的呢？杂交和转基因种子先后在世界各地的农场实现了飞速推广，这难道不是证明了这些种子无论如何还是方便了农民的生活吗？否则，为什么有那么多农民都采用这些种子呢？

无论是在欧美，还是在其他地区，种子公司在全球都是冲在标准化和便捷化的文化浪尖上。育种工作，被说成是农民所承受的重负，是一项已变得毫无用处且落后于时代的额外工作，而实验室却能提供"最先进"的种子。育种工作丧失了其原本的意义，而农民也变成了"经营者"，他们被认为更应该去购买种子，而不是自己育种才符合其身份。农民的这种角色转变，是一场波及面较大的文化转变的表现之一，这场文化转变以快餐业的出现为标志。从市场向人们提供熟食并同时散布能消除罪恶感的信息时起，人人都倾向于选择便利。农民保护和繁殖自留种，既是一门艺术又是一项复杂的技术，当他们放弃关注种子的保护和繁殖时，他们就部分地失去了与大自然的联系，失去平衡，且不知不觉地丧失了其自身原有的意义。

那种认为转基因产品可能更适合养活全人类或更能促进经济发展的说法，是不是也有一定的道理？您的立场难道不该趋向于与其妥协吗？

很遗憾，这种说法，在世界上任何一个地方，对于任何一颗种子来说，都不是千真万确的。这是一种盲目的迷信，这对人民意识的觉醒有很大危害，因为它让人们相信，有一种现成的办法可以解决全世界人口的吃饭问题。一份在联合国资助下由四百位研究员四年完成的《国际农业知识与科技促进发展评估》报告①，明确指出借助转基因，不能解决未来

① 《处于转折点的农业》国际农业知识与科技促进发展评估，岛屿出版社，2009 年。

任何食品安全上的问题。这是现今最敢言的评估。它确认了一个事实：转基因技术无效、无用，原因很简单，就是它不考虑生物机体的复杂性和内在运作机理。转基因农业基于这样一个原理：基因可以单独发挥作用，并且农作物的健康或产量仅由基因决定。其实，基因与基因之间有着相互依存的关系，它们并不是分开发挥作用的，而且，其他一些因素也对农作物的收成有影响，如日照、雨量、土壤肥力，等等。

总之，更具体地来说，如果转基因作物能足够有效地完成养活世界人口这一重任，那么非洲则是转基因产业理应攻占的第一片市场。在游历非洲好几个国家的途中，我惊讶地发现，转基因产业向当地农民提议使用的转基因种子，只有一种，那就是棉花种子——一种主要的出口作物。20 年的研究和巨额投资，也没能让孟山都向非洲人民提出除棉花以外的种植意见。这对于一个声称可以解决全球饥饿问题的产业而言，难道不令人匪夷所思吗？非洲人民不需要这种出口作物，他们需要吃饭，需要凭借农民自己的种子、自由的种子，重新夺回本属于他们的食物主权。

除国际农业知识与科技促进发展评估这一研究之外，您还能凭借其他数据证明转基因的无效性吗？

转基因商业化 20 年来，多数基因改造工程都只着眼于两个特性，因而设计出了两种种子：一种是具有抵抗除草剂功能的种子；另一种是可以抵抗杀虫剂的种子（如 Bt 种子）。前者，能产生一些物质，使其在能铲除所有杂草、杀伤力极强的农药作用下幸免于难。后者，自身内部就含有能消灭害虫的杀虫剂。今天，我们有足够多的距离审视过去，可以肯定地说，这两个特性中，没有哪一个真正起到它该起的作用。Bt 种子，最终会导致寄生虫的出现，而消灭这些寄生虫的难度则更大。至于抗除草剂的种子，如农达公司出品的那种类型（Roundup Ready 抗农达除草剂种子），也会促使杂草的生长，且这些杂草的生命力更是道高一尺魔高一丈。如同所有人一样，孟山都也发现杂草能适应除草剂，产生抗药性，生命力也更加顽强。面对此种情形，孟山都这一控制了全球 95% 转基因种子的产业巨头，推出了抗灾性更强的第二代种子，即抗农达种子二代（Roundup Ready II）。但这项技术始终没能带来预期的结果。相反，却达到了它真实的目的，开创一个被俘获的市场（转基因种子的使用者在购买种子的同时也必须购买相关产品），通过农药和专利实施对种子的掌控。

　　一项大型调查研究在美国展开，分析了市场上出售的玉米和大豆的所有品种。^① 研究者做了如下假设：如果转基因产品如此有效，美国应该比不使用转基因的欧洲做得好。于是，他们将所有官方数据进行了对比，得出的结论是：无论以何种指标做参考（效能、产量，等等），欧洲都比美国做得好。这一结果毫无令人惊讶之处。因为，使用转基因种子的农民成了受害者，抗药性更强的杂草侵入田间，有时一半田地都遭殃。在这种情况下，农业生产如何能顺利进行？当土壤遭受新的寄生虫的侵袭，产量又怎能增加呢？这在全世界任何一个地方都是行不通的。在阿根廷和巴西这两个极度依赖转基因大豆出口的国家（大豆出口到欧洲为其畜牧业提供饲料），大豆的品质在下降，蛋白质比率也不断减少，然而起初正是因为富含蛋白质这一特性，从事畜牧业的农民才购买大豆的。而实际上，数据显示，转基因作物的营养远没有那么丰富。大豆生产者最终的收入，只是先前期望价格的一半。因此，我想强调的是，产量并不是唯一的衡量标准。作物所富含的营养价值与其本身的健康状况，也是必须考虑的因素。

这样的考量也能推及至那些非食用的转基因作物吗？播种面积最大的棉花，是何种情形？

---

① 东古瑞安·施曼，《增产失败：转基因作物性能评估》，美国忧思科学家联盟，2009 年。

我对印度棉花的情况非常了解。在引进转基因棉花之前，我们的产量就已经达到了很高的水平，而不是在转基因到来之后。事实上，Bt 棉花的种植反而导致了产量的下降，政府研究机构也承认增产放缓。为什么呢？很简单，作物自身的运作机制原本能够让它健康茁壮地成长，但转基因却破坏了其自身的运作核心。当 Bt 毒素浸透土壤，生长在土壤中的微生物就被杀死了。原本意在增强抗农药性的转基因作物使生态系统变得脆弱易损，再也不能保证植物的健康成长。说到底，这是个常识的问题。

农业生物多样性与标准化

据联合国粮农组织估计，20世纪中，四分之三的农业多样性都已消失。最受波及的是哪些作物？这种渐进式的侵袭有哪些后果？

事实上，没有一个物种幸免于难。因为，在广阔的田地中种下同一个物种，实行单一作物种植时，周围整体的生物多样性都会受到危害。比如玉米，在南美，土著居民以前从来都不单种玉米，一同播种的是并称"三姐妹"的玉米、四季豆和南瓜，并且每一种作物的品种都是多样化的。此外，在墨西哥周边的传统乡村，依然有上千种南瓜和形态各异的四季豆。但当这种让人欣喜的生物多样性被以无繁殖力的种子为标志的单一种植所取代时，整个系统就坍塌了。

虽说如此，还是要知道，均质统一化并不仅仅来自种子业。零售业也会将其限制强加于人，尤其是为了方便加工。例如，美国零售商沃尔玛，只接受一种直径大小的苹果。然而有一天，南非向我发出紧急通知，沃尔玛的包装和卡车都换了，想要另一种大小与之相适应的苹果。于是，沃尔玛要求供货的生产者将其原有果树连根拔起，种上更符合新标准的品种。为什么？因为新品种更易于运输。比起品质、口感或营养这些标准，农民的种植往往更多地取决于这些物流限制。因此，加工业对于生物多样性的丧失，负有重大的责任。

再以我之前谈到过的土豆为例，在绵延的喜马拉雅山脉上，种植着20余种不同的本地土豆，每一种都很美味。这些土豆，就算不放在冷库里也能保存整整一年。然而，就像我之前解释过的那样，尽管这样的农业多样性有很大优势，农民们要想获得收入，还是不得不种植单一品种，即符合主要购买商百事可乐要求的、用于生产乐事薯条的那一品种。百事公司也向农民出售种子，很多人都不知道百事在种子贸易中占据着多么重要的地位：他们让农民种植的土豆，80%都是同一品种，专利权税收入囊中。我们刚刚提到了苹果和土豆，还有其他的例子，比如说，你们知道制作番茄酱只用番茄果肉吗？农民们又一次不得不适应需求，巨额订单下达方所期待的品种，农民就得种，哪怕是又硬又没味儿的番茄。在某些地区，多汁甘甜的老品种西红柿就这样彻底消失了。

对于抵抗农业生物多样性所受的侵害，反全球化运动的有效性表现在哪里？自这种运动发展以来，生物多样性所受侵害的速度有没有变缓?

我们 120 个农民自留种子库所联成的网络,就是反全球化运动的直接结果。这一免费交换与分发种子的网络,其任务就是保护水稻、小麦、大麦、蔬菜及其他药材的众多本地品种,并将它们大面积地散播至印度各地。此外,网络中的农民,他们的共同之处,就是学习和实践生态农业,因而,生态农业实施办法的传播速度与种子分发交换的速度一样快。自从反全球化运动兴起以来,此种创举在五大洲的土地上就蓬勃发展起来了。另类全球化运动,也同样使人们意识到本地食物的价值。每片土地都有其特定的作物,以这种多样性为基础的粮食生产与蔬菜种植发展迅猛,令种子业惴惴不安。因为,即使种子公司拥有专利和转基因产品,随着本地农业的发展,是否接受加工食品的决定权,仍然还是会回到公民手中。

但尽管如此,这种运动好像既不会抑制种子业的发展,也不会阻碍其继续产生危害,那么,在全球范围内,转基因种子会给社会经济生活带来何种影响呢?社会经济生活又会因此而付出什么样的代价?

对于农民来说,失去让种子繁衍的自由,就是其社会生活因转基因而付出的第一个代价。这种权利的剥夺，终止了农民有史以来的责任，即保护种子、依个人意愿按自己的方式让种子实现生命的轮回、实施耕种、靠自己的能力将产品卖出、价格以质量为准。因此，农民丧失了本属于自己的种子主权，他们不再是种子的生产者，而必须购买种子，并采用转基因种子所要求的密集型生产方式。这种同某一种生产体系相符合的必要性，也使农民的食物主权受到了侵犯。

转基因的另一社会影响，就是会使农民变得贫穷。转基因生产体系，首先要求将农民变为高价种子的消费者。种子，从前是可以免费繁殖，农民间可以共享的，而今，却成了一个获取暴利的源泉。在印度，官方数据表明，75% 的印度农民由于购买种子、除草剂等相关农用必需品，身负债务。这展现出，种子业的发展所导致的问题已非常严重。在印度，官方数据显示，1995 年至 2012 年 ① 间，有 284694 名农民因苦于寻不到出路，为逃离困境而自杀身亡。这是一场实实在在的瘟疫。

您这里讲的具体是哪个地区？只涉及产棉带吗？

---

① 印度国家犯罪记录局，2012 年。

不，这是印度全国的死亡人数。但大部分自杀事件确实发生在产棉带上。第一起自杀案件就是在这个区域发生的。

这些数字很庞大，您的消息来源可靠吗？

这些数字是来源于国家犯罪记录局，从 1995 年一直到现在，这些数字不停地在增长，这场瘟疫还在继续扩大。暴雨侵袭我们的田地，然而，这些种子并不能适应我们的天气变化。强降水和干旱的来临，使自杀现象更加严重。

恰巧，您的反对派也提到，自杀现象由来已久，在转基因到来之前就有，就是因为干旱和大雨……

错，只需要看看数字就能知道。以下数据都是由政府提供。在马哈拉施特拉邦——产棉带上的一个棉花主产邦，转基因棉花的引进与农民自杀人数的增长时段刚好吻合。自引进了转基因棉花后，自杀人数从 1995 年的 1083 人，猛增至 2002 年的 3695 人，几年间增长到了原来的三倍。马哈拉施特拉邦有一个叫维达巴的地区，是产棉带上自杀事件的中心区域，这里的灾难尤其深重，2001 年自杀人数为 52 人，2003 年就增至 148 人，2004 年 447 人，2008 年 1248 人！根据官方数据，2012 年，该地区依然有 927 人自杀身亡。2012 年，那时在位的农业部部长别无他择，不得不在一份给相关邦的通告①中承认转基因棉花的发展和自杀狂潮之间的联系。

从前，不可能见到哪位农民因为干旱或洪涝灾害而结束自己的生命。农民们有着足够的自制能力来应对这些问题。那时，他们的抗灾害能力比较强。况且，当天灾真的降临了，他们就弃田而去，到城里工作，去工厂、纺织作坊、采石场或别的地方。干旱过去了，他们就回到村庄。1999 年奥里萨邦飓风来袭的情形也证明了这一点，水一退去，加入九种网络实践生态农业的农民们就立刻重返田间。他们知道干旱只是一时的，季末就会结束，且以后的收成会好起来。相反，如果他们购买种子时签了借款合同，情况就完全不一样了。债务会一直跟随着他们，直至灾害过后。他们知道，这种由银行和跨国公司联手打造的体系无懈可击，是不可能从中逃脱的。他们很清楚情况，对债务问题不抱任何幻想。

在印度绿色革命期间，农民们已经身负债务了，但那时欠的是国家的债。当债务数量过于庞大时，数万农民抗议示威，而后国家再次发放贷款，或将之前的债务免除。而孟山都，则恰恰相反，在债务问题上绝无让步可言，农民们也非常清楚这一点。在各个村庄，农药和转基因种子的卖家如果

---

① "本部将农民自杀事件归咎于 Bt 棉花"，《印度斯坦时报》，2012 年 3 月 26 日。

收不回欠款，就会强占农民的土地，成为名副其实的领主。因此，凡是从他们那儿买过产品的农民，其手上的一部分土地都属于这些领主了。此种现象标志着一种企业封建制的建立。封建制度早已被法律废除，而如今，以往封建统治时期的种种消极面全部死灰复燃。

西方人往往没有意识到这些问题，当他们的消费选择对种子业起到鼓励作用的时候依然没有意识到。种子的问题会影响到他们日常生活的哪些方面呢？哪些快速消费品、哪些经济部门会受到波及？

这些问题不仅是看不见的，而且是被遮掩或低估的。欧洲新种子法在这点上很能说明问题：我们不再用"种子"这一词，而用"植物繁殖材料"。因而种子已经被认为是一种普通原料了。法律不允许的农民自留种已经不被视作种子了，而是"前基础种子"。总之，种子业及相关机构意在将"真正的种子"和其他种子区别开来。

当货架上不再有20个不同品种的苹果供消费者选择，而只有寥寥几种的时候，这个问题就进入到消费者的日常生活中了。城市民众就是这样意识到他们的饮食源自种子。尽管如此，大部分人还是忘了种子与食物之间这一层最根本的联系，也因此忘了生命源于种子的事实。此外，消费者看不出种子问题的严重性，这种现象不仅仅只在西方有，在发展中国家也一样。

除了食品业，还有其他行业能让我们将消费和种子的自由问题联系起来吗？

服装业提供了一个很好的例子：很多城市居民穿棉质衬衫而非聚酯纤维的，认为自己这样做很好，能促进可再生原料而非石油衍生品的使用。但他们并不知道，制作衬衫所用的棉花是转基因棉：在印度，95% 的棉花都是转基因的。因此，或许每个人都应该知道，当你购买一件棉质衬衫时，它很可能就来自一个在印度诱发自杀身亡事件的行业。消费者可能还应该意识到，这种纤维内含有毒成分。为了减少对社会和生态造成的不良影响，在衣着方面，和在食品方面一样，寻找源自有机农业的产品，如有机棉，是西方民众可以采取的一种积极行动。

农化游说集团

1987 年，您第一个发现种子业欲将种子圈进一个垄断市场的战略构想。具体是怎么回事？

那一年，一条信息闯进了我的生活。当时，我在法国上萨瓦省一个远离权力机构和媒体圈的小村庄——伯日孚参加由瑞典某基金会组织的研讨会。会上齐聚了 30 多名来自 19 个国家的来宾（研究员、企业代表、协会代表等），探讨生物科技在第三世界国家中对健康和环境的影响。那是一场关于生物转基因和专利的辩论。种子业巨头当时并不像今天这般遭受疑虑，简单明了地提出了发展转基因并借助生物专利权掌控种子的战略构想。种子业代表认为自身太渺小，因为该产业中企业数量过多。因此，他们计划合并、壮大，想用十年的时间形成五个大集团。他们明白，谁拥有最多的专利，谁就能主宰市场。我们今天所目睹的一切，其实都是精心策划好的，直至细枝末节，包括世界贸易组织的建立，也是为了保护他们的利益和知识产权方面的贸易协定。那次会上所做的所有预测，如今都变成了现实。实验室合并了，孟山都几乎收购了全世界所有的种子公司。那一天，我看清了事实，这就是一种独裁，主宰以各种形式存在的生命体，小生产者直接受到威胁。保留、交换、出售农民自己的种子，是祖祖辈辈传下来的自由权利，但这样的权利却受到了质疑。

那次研讨会之后发生了什么？您又是如何回应的？

从日内瓦回新德里的飞机上，我想了很多，当时我制定了一项战略，随后 25 年多的时间里我一直付诸实践。我的思维极为活跃，所以不得不用一个本子记录自己的想法：我很简单地画了一个图。在一条表示历史时间顺序的曲线上，我标出了三个阶段：用机械取代人力的工业革命；战争时期兴起而后推行至工业和农业的化学革命；最后是正在酝酿之中的第三次革命，其载体就是屈从于基因实验和专利证书的生命本身。我那时想起，在纺织业界，工业革命将手工业化为乌有时，圣雄甘地对此回应是他将自己用来纺纱制衣的纺车作为标志，以一种非暴力的方式拒绝对纺织工人的剥削。于是，一个想法闪现于脑海，我可以将种子作为获取留种再播自由的斗争标志，同时我决定将自己的其他事务停下来，把精力集中在这场斗争中。农民留种再播，在我看来，是天经地义的事。我们不能阻止这种行为，更不能让他们为土地自然而免费馈赠的种子买单。

回到印度，您最先采取的行动有哪些？

我一回来，就着手组织斗争。身体力行，一个村一个村地走访，足迹遍布大街小巷，亲自收集各种种子，起先有几百个，后来多达几千个。我要做的就是将它们存储起来并供农民使用。一个种子库网络，从那时起一步一步建立起来，现在种子库的数量达到了 120 个，在整个次大陆发挥着作用。我们也组织了一些大型示威活动，如"种子的长征"这一穿越印度数邦的非暴力游行。随后，动员的范围不断扩大，几年后，也就是 1993 年，我们齐集了 50 万名示威者。

我们能否回到这个问题的核心：为什么说专利是大型种子公司经济模式的关键因素？

因为专利就是该产业的运作核心。凭借发明，人们可以获得专利权和专利使用费，而种子也可以有专利这一事实，正是将其与人类的发明相提并论并趋于近同。孟山都一袋 450 克转基因棉花种子的专利使用费，在 2004 年，从 1650 卢比涨至 1800 卢比（相当于 22.1625 欧元）。相比之下，农民自留种的价格是每公斤 9 卢比（相当于 0.1108125 欧元）。然而，该跨国公司在印度国会上声称，一袋 450 克转基因棉花种子的专利使用费为 700 卢比（相当于 8.61875 欧元），也就是说农民买种的钱将近一半都花在了专利使用费上。以这种方式收取费用，农民负债已成定局。于是，九种基金会将该公司告上专门处理垄断或过度限制竞争案件的反垄断法庭。孟山都在司法介入的情形下，不得不降低价格。此次事件，还促使我们一个地区政府（安得拉邦）投票通过了一项调整价格的法律。但今天，我们又一次将孟山都告上法庭，因为它违反了该项法律。孟山都辩解说，政府没有干预定价的职责。对其而言，定价问题和经济调整政策没有关系。它认为这项"科技"属于它，并为可以随意要价的绝对自由而辩护。

孟山都的所作所为，与越南战争期间美国人的行为无异。基辛格注意到水稻的种植是对民族团结和国家力量的考验。所以他决定停止这种作物的生产，无论如何也要让美国人民吃面包。于是，为了做面包，美国人就试着由种植水稻改为种植小麦。基辛格曾经说过，食物是一种武器。他还说过："如果你能控制食物，你就能控制所有人。"今天，孟山都也明白了，控制了种子，就主宰了整个食物链。

专利战略，实际上源于我们社会的顽念：权利和程序。专利，是以个人为参照物而定义的。所以我们经常说，这是我的，这个属于我，诸如此类的话。甚至是法律，也认可这种拥有权。而当我们秉承负责任的原则时，就会倾向于给予。我一生中，无论是和家人、朋友还是和同事在一起，在政坛还是在大自然，无论身处何时何地，都始终认为没有什么是真正属于我们的。我记得，20世纪70年代抱树运动期间，有一次在山里，我们这些妇女饥饿至极，强行登上一辆卡车，将其装载的食物吞下肚。这种事，我们只做过一回，因为那的确是生存需要。但这并不意味着我们会再行此道。那次，每个人吃得差不多饱就撤了。

您说这些专利实际上就是生物剽窃，对于农民来说，就是"掠夺其技能"。这种说法在发达国家能成立吗？毕竟在那里，农民很少留种再播，"原住民的技能"这一概念对公民来说意义不大。

能成立。必须肯定的是，任何给种子或普遍意义上的生命颁发专利的行为，都是不可否认的生物剽窃。即便不涉及农民，无论以何种方式进行，都是对自然和文化的掠夺。我举两个例子。孟山都试图将转基因Bt茄子引入印度。在政府部门颁布无限期暂停令后，就像我之前所说的那样，又一场反孟山都的法律诉讼拉开了帷幕，因为该公司将茄子作为其行销的基础产品，而茄子恰恰是印度的一个本地物种。然而，根据我们有关生物多样性的法律（《生物多样性法》)，孟山都本应申请许可。但该公司根本没费这番劲儿，却不折不扣地夺走了我们的茄子。事实上，甚至是孟山都研究员引入到茄子里的基因，都来自印度的土壤。他们自封"创造者"，但实际上，他们只是简单地将两样偷来的东西组合在一起罢了。2011年，印度生物多样性国家管理局将其定性为生物剽窃，也是合情合理的。

类似这样的事件比比皆是：比如，大豆并不是美洲的作物，而是东亚的物种。因而，每一项有关大豆的专利其实都是对中国、日本或其他国家的生物剽窃。这就对这些国家的农民造成了损害，是对他们权利的一种否认。当有人阻止他们按照自己的意愿播种时，他们的权利也受到了剥夺。孟山都和弗农·休·鲍曼的官司就给我们提供了一个极具说服力的例子：这位种植大豆的农民被告上法庭，是由于没有向孟山都购买转基因大豆种子，而是在一个为牲口提供饲料（而非供播种使用）的谷物仓储中心购买的，并且反复种植。仓储中心的谷物价格不含专利使用费，因为这些谷物并不是作为种子出售的。但鲍曼发现这些种子抗得住农达除草剂。他在种植过程中喷洒农达药剂，保留了一部分收成，并在八年中反复播种。因此，这些种子就是有繁殖力的种子。然而，美国最高法院判孟山都胜诉，这就意味着，种子在被售出并繁殖几代之后，农民依然没有权利进行再播种。这种做法完全剥夺了农民的权利，因为种子不是被发明出来的，它们是大自然赋予的生命，在农民手中完成进化。因此，每一个获得专利的种子，实际上都剥夺了自然和农民的权利。

是的，但是，在发达国家，这种原住民的技能，真的已经不复存在了。真正专注于筛选工作的农民已是少之又少。而生物剽窃这个概念与人工育种这项传统息息相关。

欧洲许多开垦小面积土地的农民依然使用自留种，但同时他们也冒着受法律制裁的危险，因为欧盟委员会[①]关于种子的新条例议案可能将于 2016 年施行。这份议案声称，"要使农产品业更先进、更简化、更强大"，但事实上，却削弱了农民播撒自留种的权利，经营种子的个体户所生产的品种要想得到认可，也难上加难。该议案试图阻止种子在农民、协会及其他园艺工作者间流通，破坏了对种子多样性的维护，尤其是许多老品种。这些大种子公司又一次执笔，让立法部门听命，为其量身定做法规条例，以达到为其利益服务的目的。因此，欧洲农民眼见自己的知识被窃，自身劳动也遭受质疑。

种子业用的种子都是本身就存在的，我们应该用更广阔

①《动植物卫生一揽子建议：更明智的规则，为了更安全的食品》，欧盟委员会，2013 年 5 月 6 日。

的视野来看待生物剽窃。玉米源自墨西哥，每个玉米品种的专利，对墨西哥人和中美洲地区的人民来说，都是一种剽窃。同样，欧洲在种植作物方面也有其自身的生物多样性，给原本来自欧洲的物种颁发专利，也是一种剽窃。自然和耕作并不是分隔开来的，不是各自待在自己的框框里。两者之间可谓水乳交融。某些植物，如茄子（源自印度）或土豆（源自秘鲁），传至欧洲并实现本地化已有两个世纪之久了。

您能详细谈谈生物技术公司为了对农民施加影响所采用的主要游说技巧吗？在法国，种子公司和国家存在明显的利益冲突。其他国家也是如此吗？

给立法机构施加压力，以使法律的规定对转基因有利，这就是种子业实施的第一种游说方式。在影片《孟山都眼中的世界》中，玛丽·莫尼克·罗宾赤裸裸地揭露了美国政府和孟山都官商勾结。其中有一个场景：美国总统在孟山都公司总部，这一种子业头号公司毫不拐弯抹角，直截了当地向总统提议将其夙愿写进法律。随后，这项提议于1992年正式落到实处：美国法律承认了转基因与其他种子的"等同性"。自此，美国将转基因食品与传统农作物两者引发的危险等同视之，因为根据化学分析结果，两者所含成分完全相同。这个结果一出来，任何检验其毒性的科学研究都没有开展。对人类及动物身体健康的影响，也无须做任何鉴定。这就等于对转基因的推广所开创的新局面完全一无所知。总之一句话，看不见，也不了解。美国不对转基因进行检测，欧洲就不得不担起这份责任，因而，像吉尔·艾瑞克·塞拉里尼或阿尔帕·普兹泰这些对转基因影响做独立鉴定的研究者，他们扮演的角色有多重要就可想而知了。在美国，没有一个科学家能扮演这样的角色，因为不允许研究者开展这样的科学分析。此种立法行为，就是进行游说的第一种也是最直接的一种方式。

第二种施加压力的方式与抢椅子游戏类似，孟山都众多老员工被美国行政部门录用，有些还坐到了法官的位置。迈克尔·泰勒，如今已是美国食品药品监督管理局食品安全副局长，他的职业历程就是一个很好的例子。20世纪70年代末，被美国食品药品监督管理局录用，负责起草食品安全方面的法律文书。其后，进入一家咨询事务所，该事务所的客户中就有两家是支持转基因的：国际食品生物技术委员会和孟山都公司。在这样的情形下，泰勒起草了一份支持转基因的法律提案，旨在向联合国粮农组织和世界卫生组织申请最小力度的调控政策。1991年，他回到了食品药品监督管理局，成为上文中"物质等同"概念的创始人。这一概念，为美国生产转基因产品的公司免去了毒性测试的程序。1994年，他离开食品药品监督管理局，去了美国农业部，但时间不长。之后，于1998年被任命为孟山都公司的副总裁。这一切，毫不妨碍他于2009年再次回到食品药品监督管理局，尽管因利益冲突而遭责难。甚至连奥巴马总统都嘉奖他，2010年任命其为美国食品药品监督管理局的副局长。

在欧洲，也一样。欧洲食品安全局的成员，时而在政府行政部门工作，时而在企业就职。2013年，欧洲企业瞭望研究中心的一项调查显示，食品安全局工作组里，平均每十个成员中就有六个与企业有利益关系。[①]2012年，同样的斥责声，迫使欧洲食品安全局采用较为严格的政策。结果，80%的鉴定专家被置换。然而，情况却并没有得到好转。原因是那些批评指责，尤其是针对科学工作组的领导者。此种情况源自过于宽松的规定：如果一位鉴定专家为企业效命，在企业的工作结束后，他在欧洲食品安全局里可以重新拥有备选资格，好像他以后再也不会为企业做事一样。

此外，某些组织完全致力于为农化公司开展游说活动。它们的融资和在影响力网络方面的开销是一个庞大的数字。在美国，大型农化企业，尤其是专门开发生物科技的，在1999年至2009年间，用于国会上游说活动的费用高达54700

①《不开心的就餐——欧洲食品安全局的独立性问题》，《欧洲企业瞭望》，2013年10月。

万美元 [1]。而欧洲也有同样的际遇，记得有一天，在布鲁塞尔的一次会议上，我曾经数过，一共有 80 名孟山都游说员出现在会议上，他们都是以影响决策为目的而参加会议的。

他们具体是如何行动的？

以一种很简单的方式：他们走进决策者的办公室，跟他们愉快地交谈，请他们共进晚餐。施加影响的行为尺度能大到所谓的贿赂。如果说，在欧洲，资金的流动尚属暗箱操作，那么在其他国家，此类事宜还是比较透明的。比如说，在印度尼西亚，2005 年孟山都行贿时，就被当场抓住：圣路易公司给了官员 70 万美元。[2] 据说，在雅加达的孟山都代表，为了使转基因 Bt 棉花能顺利登陆印度，在 1997 年至 2002 年间，收买过 140 位印度尼西亚公务员。农业部一位高级公务员的妻子，一人就收了 374000 美元。环境部一位高级公务员收受礼金 5 万美元，废除了一项强制要求转基因 Bt 棉花进入市场前必须接受环境影响评估的政令。这些行贿资金是靠开具假农药发票换来的。在法庭达成一致和解（缴纳 150 万美元的

---

① 《农业食品生物技术业为影响国会花费 5 亿多美元》，食品与水观察组织，2010 年。

② 美国证券交易管理委员会，第 19023 号诉讼公告，2005 年 1 月 6 日

罚款）后，孟山都承认其贿赂行为。当你伸进包里的手被抓个正着时，还有别的办法吗？

您最近有没有注意到农化业游说方法的变化？

有，我注意到两个事件，一个在非洲，另一个在印度这里。2014 年 6 月，在非洲巡回宣讲时，我对我所遭受到的粗暴对待感到惊讶不已。我走访了津巴布韦、南非、坦桑尼亚和加纳。所到之处，几乎都是一样的情形：在我到达之前，东道主都会收到一封意在损我名誉的信件。当演说一开始，农化业代表（事后我们才辨认出来）潜入会场，散布在人群中，试图通过发言搅乱会场，他们告诉群众，我在拿假的人生经历欺骗他们，我是"博科圣地"极端组织①的成员，我这样做是因为能获取巨额财富！当我对这种言语攻击做出回应，那些寻衅滋事的人就转身离开会场。反复出现的攻击、相同的游说者、相同的言语贯穿整个巡讲，显然与《福布斯》②杂志此前不久刊登的一篇文章如出一辙，毫无疑问，这并非是

---

① "博科圣地"极端组织，该组织反对西方教育和文化，也反对现代科学。

② 《范达娜·席娃，著名反转基因人士："环保女神"还是危险的谎言家？》，《福布斯》，2014 年 1 月。

普通公民的所作所为，而是一个公关公司全盘精密筹划好的收费服务。如此有步骤、成体系的现象还真是新鲜事。在此之前，此类对峙都是通过第三方媒体实现的，但言语攻击很少像此次巡讲时遇到的这么直接。

您想到的第二个事件是什么？

在刚才所述事件的同一时期，也就是 2014 年春，印度国家内部情报部门发表了一份关于我们活动的报告，该报告继而被递送到总理办公室，然后移交至相关政府部门。据听到的风声来判断，显然我们遭到了控诉，如同其他致力于环保的非政府组织一样，被控受西方国家政府操纵、接受其资助、扰乱公共秩序、危害印度经济发展。这份报告将反转基因斗争列于"反发展"活动队伍之首，字字重复跨国种子公司的辩词，甚至还引用原话，如为孟山都工作的罗纳德·赫林之言。罗纳德·赫林尤其为使转基因茄子进入印度做了许多尝试，但无论是合法的还是非法的途径，最后都以失败而告终。原则上，印度国家内情部肩负防备外来威胁、保护印度及其公民的重任。然而，这份报告却反其道而行之：它毫不含糊地为损毁棉农的跨国公司辩护。非政府组织，如绿色和平组织，也成为抨击的目标受到相同的指控，内情部的借口是这一组织阻碍了火力发电和核电的发展。

围绕科学研究展开的斗争，莫非也是另一种形式的压力？

完全正确。在这一点上，法国身处其境心知肚明：吉尔·艾瑞克·塞拉里尼和欧洲基因工程独立研究科学委员会在科学上所遭受的限制，或许对每一个捍卫民主的人都敲响了警钟。塞拉里尼关于转基因和农达的研究，其广度无前人能比。[①] 这项研究历时整整两年，其文章在当时公认的权威杂志《食品化学毒理学》上发表前，经过了正规的审校程序，受到了科学家们的一致肯定。但农化游说集团立即就组织了一场病毒式的行动，而不久前该杂志社刚吸纳一位曾在孟山都任职的员工就被迫删除了这篇文章[②]。然而，这项研究，连该杂志主编都承认，并没有任何错误之处，其所呈现的数据也无丝毫欺骗成分。如果游说集团的借口（未"下定论"的结果）属实，其他数以千计的研究成果也理应从科学杂志上消失。

总而言之，大型种子公司会毫不犹豫地死死掌控科学报业。《自然》杂志也遭受了同样的压力。前不久，该杂志发

---

① 吉尔·艾瑞克·塞拉里尼等，《农达除草剂的长期毒性和抗农达转基因玉米》，《食品化学毒理学》，2012 年。

②《食品化学毒理学》，第 50 卷，2012 年第 11 期。

表了一篇看似打破对转基因成见的文章[1]。事实上，这篇文章承认作物对孟山都除草剂的抗药性迅猛增长，只是为了接下来更好地为转基因辩护做铺垫。娜塔莎·吉尔伯特为所谓的杀虫剂用量得到减少与转基因种子的投入使用有关而欢呼，但却不赞成转基因会污染没有使用转基因的土地这一言论，否认印度棉产区自杀狂潮与转基因的联系。无论哪一本学术杂志，《自然》《新科学家》还是《科学美国人》，它们的版面从那以后就对这类言论敞开大门，而一旦有哪篇好文章刊登在某本杂志上，所有的杂志都会对独立科学研究者重新紧闭门户。这意味着我们掌握不到反面信息，然而独立研究是测试转基因种子安全性和实际产量、揭露信息非真实性的唯一途径。

全球各地，转基因棉花、大豆和玉米的种植比率呈爆炸式增长。印度就是最惊人的一例：如今，所种植的 95% 的棉花都是转基因棉。这难道不是一个失败的见证吗？在开启斗争 25 年后的今天，在您看来，反转基因组织与种子公司之间的力量对比又是怎样的呢？

---

[1] 娜塔莎·吉尔伯特，《案例研究：对转基因作物的严细审视》《自然》，2013 年 5 月 1 日。

为了清楚审视转基因的进展和我们斗争的结果，必须分清两个方面问题。一方面，当您分析某些特殊作物时，您发现转基因的渗透比率极高，就好像是在大规模地迅速扩散。在印度，种子公司牢牢控制了棉花生产行会，正如我之前所述。它们在墨西哥也曾试图用同样的战略进军玉米市场，比如，它们曾设想用一季的时间，在250万公顷土地上种植转基因玉米。在当地，大型种子公司攻势强大——没少用慈善做借口，有一个计划取名为"反饥饿运动"——但最终发现民众迅速大规模地被动员起来。我亲自走访瓦哈卡，支持民众的运动，该运动最终成功地叫停了转基因 Bt 玉米的入侵。种子公司具体到某种作物的攻势可能看似非常强大。但是，种子业最初的意图——当我们创立九种基金会时就已明确知晓——就是要将所有的种子和广泛意义上的食品全部掌握在五大公司手中，可谓野心勃勃。从这一点看来，它们除了在四种作物（玉米、油菜、大豆和棉花）上有所收获外，总的来说是失败的。

更广范围内而言，转基因在全球的发展态势显示，全世界大部分土地和大部分国家，在这场狂潮面前都幸免于难，并提倡"非转基因"。使用转基因的国家只有阿根廷、巴西、美国、加拿大和印度（仅种植转基因棉花）。至于非洲，农民们不得不将那些转基因作物付之一炬，因为的确非常失败。而欧洲，仅西班牙有极少量的转基因种植区域，其他国家都没有。使用转基因的现象一直都非常少，而且极受限制：2013 年，有 1800 万农民种植转基因作物，这个数字还不及全球农业人口 1%。①

---

① 《谁从转基因作物中获益？一个谜团重重的产业》，国际地球友人联合会，2014 年 4 月。

种子问题上的可行之道

　　您说杂交和转基因种子种出来的食物"缺乏营养"。农民
自留种就真的能产出营养价值高的食物吗？

　　首先，农民自留种能产出营养丰富的食物，原因很显然。
与种子业所使用的种子不同的是，自留种是历经一季收成后
自身营养得到提高的种子。生产营养价值低的食物没有任何
好处，而大型种子公司却准备这么做，仅仅是因为可以获得
经济效益。松帕尔·沙特里任印度环境部长时，曾让人做过
一项研究，结果显示，新品种小麦的蛋白质含量不到4%，而
传统小麦的蛋白质比率却高于9%。大豆也一样，转基因大豆
的蛋白质含量也比传统大豆少。"基因决定论"，趋向于认为
只有基因决定着植物的生长，但这是一个错误的观点。事实
上，种植一种作物成功与否，取决于种子（及其基因）和其
所在环境（土壤、降水、日照等）之间的互相依存关系。许

多数据表明，采用有机方式耕作，土壤营养会变得丰富。用有机方式种植作物，增加土壤肥力的有机物就会出现：钙、镁、氮、钾的含量分别增长至先前的 2 倍、3 倍、5 倍和 11 倍。[①] 在这样的土壤中，生长的作物也会变得营养丰富。相反，密集型农业耕作方式下，土壤会变得极其贫瘠。所以，种子是一回事儿，种植方式又是另一回事儿。但要有个好收成，这两方面是完全不可分割的。

农民自留种的其他优势有哪些？

抗灾能力是传统种子最显著的优势。整个世界都要承受不稳定因素带来的困苦，而农民自己的种子却能很好地应对困境。面对周而复始的经济危机，若农民能够留种再播，那么他们就会更加强大更加自主。在洪水和干旱越来越频繁并突如其来的气候条件下，农民自己的种子就能带来一种稳定的局面。在种子公司那里，通过签订协议而购买的种子，要想长势良好，必须浇灌特定量的水，如果该条件无法满足，就会完全变成无用的庄稼。而农民自己的种子，日积月累年复一年，已经适应了某一特定地区的气候突变，随环境进行

---

① 皮特 H.瑞文，苏珊 E.艾克赫恩和雷 F.伊维特，《植物生物学》，美语第 8 版，J.布阿尔蒙译，第 3 版，2014 年（2000 年）。

自我调整的能力比较强。在环境中，一切都是变化着的，需要意识到这点，接受并顺应这样的自然演变。因此，力图寻找一个能适应各种土壤、各种天气、完美无缺的种子，注定会以失败而告终。

同理，以保护生物多样性为借口将种子锁进保险箱，也是毫无用处。在挪威有一个"斯瓦尔巴全球种子库"，人们将种子保存在斯匹次卑尔根岛安全性极强的地下贮存室里。这座种子库声称，将世界上现有的所有作物品种的种子存储在一个安全的地方。这是一种幻想，一点也不考虑自然法则。种子库负责人断言，以这种方式就能保证种子不会消失。事实上，这个系统并不能让种子存活，因为在这种环境中，这些种子不能像其他种子那样经历自然演变，不能适应土壤和气候的变化，也就不能一代一代地持续进化。多少年后，从这座坚固的地窖中拿出一粒种子，把它放置在一个比地窖温度高出好几摄氏度的环境中，必死无疑。因此，必须推行一种动态演变的生物多样性管理模式。

全世界有80%的农民都使用自留种，今天，全球绝大多数农民都播撒前一季收获的种子并与其他农民交换，这是真的吗？

是真的。国际热带农业研究中心的调查显示，全球种子存量的 80% 到 90%，的确是来源于当地非正式销售渠道的传统种子。[①] 该研究中心获取了每个国家官方公布的来自种子公司的种子数，将其总和与全球播撒的种子数进行对比。二者之差就是来自非农化业的种子数。这些种子，就一定是农民自己培育的种子，占了全球种子总和的绝大多数。这没什么令人惊讶的：全球大多数农民都生活在亚非拉的贫困地区，而他们都是在收成后留种下一季再种的。

在发展中国家，人们仍然广泛使用传统种子，交换和筛选种子是建立社会关系的纽带。在欧洲这样已经变得非常个体化（如果除去某些军事区域的话）的农业大环境下，这种社会关系的回归还有可能吗？

当然有可能。其实，这不再只是一种愿望，它已经成为现实。农民留种再播，是一种意义重大的回归。如果今天，自行留种再播的网络更加庞大，并能像所有农民提供传统种子，那么转基因将不复存在。在美国，密苏里、加利福尼亚和康涅狄格三大州，都能见到"古传种子"组织的身影，该组织建立了一个育种者网络，加入该网络的农场从 2005 年的

---

①《解读非洲小农的种子系统：聚焦市场》，国际热带农业研究中心实践摘要第 6 期，国际热带农业研究中心，2010 年。

十几个扩大到 2012 年的 150 个。这些育种者为 43 万农民供应各种牧草、蔬菜、水果、谷物和花卉，品种多达 1600 个，并分发品种目录。同样，在全美范围内，某些行业得到了复兴，正如小麦育种业，育种者与农民共同合作，让华盛顿州的面粉磨坊重新恢复了生机。谷物自由地在当地繁衍生息，加工成面粉，当地面包师用它做成面包。从种子到餐桌，这个环就扣上了。

在欧洲，也有着一个充满活力并不断发展的自由育种网络。"农种"生态网络中就有 70 个成员组织，是一个名副其实的好榜样。老品种生产销售者、种子协会、农民和园艺师之间组成关系网，并和国际组织建立联系。"农种"刺激了本土小麦在布列塔尼地区的种植，也推进了关于对粮食种植的生物多样性和需集体参与的筛选工作①动态管理研究项目的进行。科科佩利协会就完成了一项传播种子的重大任务。它的产品目录里有 1700 个蔬菜、谷物、药材或香辛料品种，无论是老品种还是新品种，都是具有繁殖能力的。这些品种通常鲜为人知，甚至濒临灭绝。在发达国家做这样一件事，对于重建种子主权，也就是重建食物主权，有着至关重要的意义。大型种子公司对此已经一清二楚，否则像科科佩利这样一个

---

① 这种筛选工作源于众人的思考和观察，包括农民和研究者，目的在于筛选出适应农民耕作和民众需求的品种。

小小的协会，绝无可能不断遭受农化业、其本国机构及欧洲机构狂轰滥炸式的攻击。农民自留种的繁殖和交换，的的确确成了一个获得重生的客观事实。除了我刚才所举的例子，在发达国家，还有很多同类的组织不断涌现，包括北欧、澳大利亚、新西兰和日本。

为了促进自由育种的发展，是否应该摒弃专利体系？此外，如果不再颁发专利，如何在本质上已经商业化的大环境下，激发研究者的创造性？

首先，认为颁发专利就能激发创造性，是一种荒谬的言论，它源于对知识的一种错误看法：假定知识是一种财产、一种资产，只属于它所谓的创造者，突然有一天诞生在这个世界上，跟过去和未来的研究都毫无关系，在时间和空间上孤立存在并且是脱离社会的。专利的所有者可以在市场上获取各种利益，还可以行使一项权利，即通过专利阻止所谓"创造"出来的知识自由传播的权利。然而，专利的颁发，体现出科学发明纯粹属于某个个体的特性，只是一种与现实脱节的谎言罢了。

更具体地说，科学的历史表明，知识产权不会对研究产生任何激励作用。获得专利的科学成果，大多数都是公立大学研究的产物，包括基因测序①或基因重组②此类领域。企业在利用这些研究成果，但它们原本并不是企业研究出来的。对引发乳腺癌的基因所做的研究工作也核实了这一点：该基因起先由玛丽克莱尔·金博士发现，但最终却是犹他州的麦利亚德基因公司获得了专利。因此，开展研究工作的机构和申请专利的单位，根本就是截然不同的。企业往往从非自身劳动成果中获取利益，它们增加了科学发现的价值，但却不与社会共享。知识产权封锁了知识的自由传播和共享，也就是阻碍了研究的发展。再举个例子，孟山都来印度给能适应气候变化的各种种子申请专利。只要是能抗旱、抗涝及抗其他灾害的种子，它都想申请。我们的国家专利局驳回了它的申请。因为，孟山都所提的这种创新，实际上早就人尽皆知：就是使作物经受一次寒冷的袭击，这种做法以前就有人用过。这再一次证明了，申请的专利不会对研究产生任何激励作用。

您对专利的看法，可以说是对科学一种广义的批判？

是的，"科学"一词，看起来好像指的是一种唯独来自

① 基因测序，测定基因的碱基序列。
② 基因重组，即切下一基因片段将其重置于另一片段上。

西方的、绝对先进的真理。然而，研究者们，包括配有最先进科技设备的实验室研究者，运用的都是直接客观的观察法。这跟原住民总结出来的科学经验、亚马孙平原上一代又一代小农进行的探究没有什么不同。这些原住民和小农也在研究，比如，如何利用某种野生植物，或改良某种种子。最贫穷的百姓，往往也是最有创新能力的：要想不受灾难的困扰，他们没有创造力是不行的，尤其在出现危机的情况下，他们会坚持不懈地努力寻找新的办法解决问题。但知识产权却否认这种集体智慧的创新，这可是当今时代研究的基石啊！太多的专利都是基于第三世界国家建立的知识经验，这就是铁证。西方人眼中的科学，与市场和逐利密不可分，将人类的知识遗产视为一处有待开采的矿层，理应占为己有。有了专利证书，就能轻而易举地抢占这种资源，并将其变成一种商品。

在这种情况下，如果回到一种没有专利的经济运作模式，对于农业来说又有什么好处呢？

专利，是其所有者与以国家为代表的集体之间签订的合约。该合约原则上应该使双方都能获利。但事实上，消费者却受到了损失，农民亦是如此，整个社会也是一样。因此，若回到没有知识产权的经济运作模式，人们自然就会将公共利益重新置于首位。其实，育种的自由，必定会给农民带来三大好处：维护生物多样性、保证种子的质量、增强作物抗灾能力。可自由育种的农民能同时备有多种不同的种子，这是大有好处的。比如，在环境条件不适合某一品种生长时，可以种植另一品种，以保证收成。农民自己育种，也能保证种子的质量。而从种子公司购买种子，质量就不同了。最后，当农民拥有自己的种子时，他们就不必支付无用的开销，更不会那么容易负债，以至于收成不好就全家遭殃。因此，面对气候或经济上的突发状况，他们的抗灾能力就更强。回归没有专利的经济运作模式，便是直接满足了广大人民群众的需求，保护生态环境、我们的田地乃至餐盘里的多样性。专利体系，如同我们可以看到的那样，会导致一个相反的结果，因为它的基本特点就是统一均质（标准化）、品质缺失且不堪一击。

为了保护农民的自留种，确保它们的自由流通，您在印度建立了一个种子库网络，其他国家也受到启发。您最初是受到什么样的启发而产生这样的想法呢？当初开展这项工作时秉承的基本原则有哪些？

　　为了确保种子的传播及其旺盛的繁殖力不受政治或经济的操控，当年制定的战略如今依然没有改变。简言之，就是和九种基金会的农民成员签订一项很简单的合约。农民收到基金会分发的种子后，必须经过种植获得新的种子，然后将其多余的新种子交还给基金会作为样本，或将它们赠予两位农民，这两位农民也必须保证经过种植获得新的种子。这些种子在印度全国各地传播开来，每一颗种子都是我们的使者，把我们反转基因、反生物专利、反生物剽窃和反密集型农业的思想带至它们的所到之处。

　　保护种子，保护它们的繁殖力，确保它们的传播，是一个种子库行动的三大阶段性任务。每一位给出种子的农民，都是种子库的贡献者。我们的土地是一片圣地，它保护着种子。但收获之后，种子就离开了原先的那片地，由另一些人种在另一片土地上。种子就这样继续繁殖，不断地从一个农庄传播到另一个农庄。我们的种子库是有生命力的，因为每一颗种子都必须要适应环境，且每一季都会得到更新。

我对这一组织运作模式的构建，得益于几年前去世的母亲留给我的书。这些书里对于如何保存和培育种子做了详细的解释。然后，在跟那些林中女性学习的时候，我不断收集新的信息作为补充。除此之外，我还受了尼加拉瓜一个类似计划的启发。所有这一切，让我懂得如何保存上百种不同的种子而不弄混，如何准确判定种子的自然属性，以及如何培育下一代种子，实现繁衍生息。

当您刚开展这项工作时，农民是怎样对待您的？他们的反应如何？

那时候，国家分发给农民许多种子，然而面对这些新种子，他们都不知道该如何是好。这一免费的午餐，在某些河谷地区，已经造成了 20% 本地种子的消失，这一比例在其他地区最高达到 80%。农民为自家种子被新种子替换暗自伤悲，而眼见为实的，却是分发给他们的杂交种子长势不妙。我们必须向每位村民解释我们的行动计划，但之前先要谈一些其他问题以唤醒他们的意识，比如说，颁发专利所带来的危险。我们需要花足够多的时间告诉每个人，种子是一种遗产，它们属于子孙后代，而现实中，由于生物多样性的消失，种子自由和自主的权利受到了威胁。农民有一种很强的现实感，他们即刻就明白，自身已处于这种威胁笼罩之下。我们基金会说的，正是他们担心会发生的事情。我们行动的展开，很大程度上建立在他们敏锐的洞察力之上。其实，农民在面临进退两难的境地时，感到孤立无援，在倾向于鼓励密集型农业的政府面前，倍感孤立无助。我们和农民之间的信任建立起来之后，再次造访前通知他们，他们就会非常热情地接待我们，把种子装在一个小袋儿（一袋儿有 10g、15g 或 20g 种子）里交给我们，且留我们住宿一晚。在收集种子的同时，我们还向老一辈农民探寻种子的历史，向他们请教如何准确核实种子的品种。

今天，你们的种子库是如何运作的？

一个种子库，并不仅仅是一个基地、一个有形可见的地方。当然，种子需要专门保护它们的场所。然而，"banque"一词多义，这里不是"银行"的意思，而是对应着另一个古老的词，意为"托付"。金融机构误用了这个词。但即便如此，我们还是继续这么用。还有些人用"种子藏馆"一词来描述。其实无论用哪一个名称，说的都是一个属于所有人的集体组织。保护、繁殖、传播种子，是这个组织的三大任务。第一项任务：收集种子，这也是最辛苦的工作。每位捐赠种子的农民，都是种子库的贡献者。最初的三年，我都是亲自上阵，走访一个又一个村庄收集种子。第二项任务是种植。我们的

118　　土地是保护种子的神圣之地。但一经繁殖，种子便离开原地，被其他人种植在别处。这也就引出了我们的第三项任务：传播。因此，我们的种子库，是个有生命力的组织。我们制定的种子贮存系统，考虑到种子本身的自然特性：种子能适应气候、土壤和雨水的变化，每历经一次收成就会进化一次。种子，就是这样将我们和播撒耕种并繁殖这些种子的祖祖辈辈重新联系在一起的，一代又一代的后人也会不断地加入进来。播撒种子，也将在生命孕育中发挥作用的我们与土地及生物多样性有形地联系在一起。因此，种子不能被看作是毫无生命活力的物品。

在印度，九种基金会创建的网络中有多少个种子库？

在印度全国各地，我们建立了 120 个集体种子库。我们并不是对每个种子库都进行直接管理，有时只是帮忙做一些前期工作，一旦种子库建成，它们就自主运作。当然，我们还会创建更多的种子库。目前，我们拥有的水稻品种多达3500 种，其中有 700 种藏于我们在德拉敦市的基地中。德拉敦市是种子网络的核心，我们的"种子大学"（又名"地球大学"）就位于该市。自转基因茄子事件以来，我们也繁殖了许多蔬菜种子，农民们于是也意识到蔬菜种子也是需要保护的。

但我们行动的成果，并不仅仅由保存的种子品种数量多少来衡量。农民的命运，也因我们的行动而得到改变，有时甚至是彻底的改变。例如，我们有来自"自杀地带"的25个棉花种子品种。最近，我遇到一位来自该地区的农民，说之前从我们这儿找回了原来的种子，转而采用了有机农业种植模式。正因为此，在种子及农化产品方面开支减少，从之前的每年275000卢比降至9000卢比。这就是实实在在的改变！此外，我们的种子还播撒在被海啸摧残过的沿海地区，以及飓风登陆过的奥里萨邦。在那里，杂交作物被洪水全部摧毁，而我们培育的抗盐品种却挺住了，长势良好，植株又高又绿。

还有其他可推行的种子库体系吗？

在欧洲，两种创举特别值得关注。首先，法国的科科佩利协会，我们之前提到过。该协会战斗在第一线，与新种子法规进行抗争。它的运作机制和我们的稍有不同，它所提供的种子是需要付费的，这种模式完全符合欧洲的现状。此外，这家协会为实现其运作，需要融资，包括在非洲和其他国家开展的一些大规模行动。在印度，我们只和最贫困的人民打交道，他们无力支付入会费用。因此，免费原则，就是我们的基本原则。同样，"诺亚方舟"这一奥地利非政府组织，建立了一个非同寻常的种子库。上百名组织成员在他们自己的菜园、花园和有机农场种植濒临灭绝的物种，形成一个网络，向种子库提供种子。他们悉心照料这些物种，并将其在周围散播。如今，每一个物种都有 6 名组织成员负责其保管工作，确保不会灭绝。"诺亚方舟"种子库拥有 6000 个不同物种，是欧洲库藏数量较丰富的种子库之一。谁想种植某种蔬菜或水果，只要该种子库里有，都可以免费获取种子。这是与奥地利国情相适应的：奥地利法律禁止转基因，推行有机农业。

普通公民也可以创建种子库吗？

可以。其实就是在自家周围收集当地种子，将其保存好，然后播种培植、收获留种、筛选育种，最后再次分发出去。种子库的运作机制与图书馆相似：每个人将自己的种子拿出来供公众使用，其他人可以借用、繁殖，而后再贡献出新种子的样本供他人使用。但首先，所有参与者，必须通过诸如护种积极分子紧紧围绕的"科科佩利"或"农种"这类网络平台，团结一致共同支持这些在当地采取的积极举措。从技术层面上讲，种子的保存一点儿也不复杂，只要有一间凉爽干燥的房间能够储存种子罐就可以了。给每个罐子贴上标签也是必要的：每个容器上必须标注所有的信息，除了品种名称，还要列举品种特点和优势（抗旱等）。这些方面的工作一旦做好，地址的选择面还是比较宽的：学校、市政府、企业……宗教祭祀场所也是理想的圣地，能保护种子并将其有如祝福般散播。

除了建立种子库，您还推荐哪些其他举措？

种子和植物的物物交换在世界各地蓬勃发展，在美国，这类交换甚至一次能聚集两万人。参加活动，或在自家附近组织活动，哪怕只是简单地召集周围邻居，也都是一种能让农民的种子自由流通并向周围人宣传种子自由流通重要性的有效途径。城市居民和农民，也可以向世人宣告将自家住宅、经营场所、所在村庄定为"种子自由之地"，这样就可以播种在种子公司产品目录上找不到的农民自留种了。这就是将我们拒不妥协不公正之法律和拒绝自身基本自由再度被剥夺的态度化为实际行动的一种好办法。因此，个人的创举不应该被忽略。相反，这是我们实现真正转变典范式的第一步：我们的园地是可以有效维护农业生物多样性的神圣之地。有些人用有机的方法种植作物，用的却是杂交种子，这真是自相矛盾啊！对于这些人，我就劝他们选用自由的种子，收获后留一些待来年再用。

那些家中没有园地的城市居民能怎么做呢？

首先，我提议他们选用多样化的食材进行烹饪，探索发现当地的烹饪传统，也就是他们祖先的烹饪传统。国际热带农业研究中心于2014年3月公布的一项报告指出，所谓的"全球化"饮食制度，每天都在不断攻占新的领地，但它对农业生物多样性是有害的。这种饮食制度只建立在四种大型作物的基础上：小麦、水稻、土豆和糖料作物 ①。这样的饮食，不仅营养价值低，对环境造成损害，而且削弱食物主权（当收成不好时就没有补救的可能），导致肥胖、心血管疾病和糖尿病的发生。因而，消费者应当将菜品的多样化作为需要考虑的首要问题，优先选择制作当地符合本土文化传统的特色饮食。我们盘中餐的多样化，将会促使农业生产者种植更多品种的作物，并为恢复使用多样化种子的传统做出贡献。这种多样化能够增强农民和其他所有民众的抗灾能力，也会使饮食更加健康，因为只有摄入多种营养才能保持健康。

没有土地，并不意味着就不能促进这种生物多样性的发展。在菜盆里、窗边上、学校里，哪儿都能种。回想一下，"二战"期间，在美国、英国还有德国，为保障食物供应的小菜园比比皆是。在美国，50% 的食物来自小菜园！我们

---

① 国际热带农业研究中心，《全球食品供应中不断增长的均一性》，美国国家科学院研究项目，2014 年。

其实懂得如何自我动员并组织行动。"不可思议的食物"运动显示，公民们已重新做好准备，在所有可行的地方种植作物，即在所有可以利用的适宜空间种上蔬菜，将我们的城市、校园、养老院变成广阔的共享菜园，人人都可以免费使用一小块地，并与周围邻居一同种植。英国托德莫登的例子表明，共享菜园的做法有很多可挖掘的潜力。托德莫登是一个拥有 15000 人口、曾经失业率很高的小城，如今，居民们购买的食物中，有 83% 都是当地产品。这个结果，源于将所有可用之地种上蔬果的行动和倾向于周边地区产品的消费选择。

那些只有极少空间可种蔬果的人，他们所扮演的角色也是很重要的，因为，与种植规模相比，最终还是坚定地承诺和不变的信念更能起到决定性的作用。哪怕是一个菜盆、一个陶罐、一颗种子都能发挥其影响。人人都能在自家附近找到使用自留种的农民，可以与其建立联系，从他那里直接购买食材。或者，也可以通过生产者直营店、传统农业保护协会，或农民集市。这些行为，会彻底改变现有的经济模式，让我们重新回归自由种子遍天下的时代。

但这些可行的做法，如果没有政治行动相辅，就算进展顺利，最终还是无法阻碍农化业和种子公司的活动。它们真的有效吗？

仅有这些做法是不够的，这我同意。此外，非暴力，也并不意味着可以让人肆意践踏。相反，说出事实，是非暴力斗争的第一幕。因此，除了刚刚谈及的那些创举之外，我还邀请公民们一起组织工作坊、开办讲座、举行示威活动，提高公众敏感度，让他们深入了解剥夺种子自由给我们的生活尤其是我们的食物主权造成的影响。你们也可以通过在左邻右舍、亲朋好友或公司同事间组织晚宴、午餐会和野餐的方式得以实现。让他们品尝农民用自由的有机种子生产出的食物，以提高公众的警觉性，并意识到种子、食物和健康之间的联系。为了废除剥夺种子自由的法律，鼓动他们在请愿书上签名，或亲自寄送请愿书至国家议会或大区议会。加入或支持"收割志愿者"运动吧！因为他们将转基因作物连根拔起的所谓非法行为，事实上是在让人们尊重一种权利和一项原则，这种权利就是拥有一个健康环境的权利，这项原则就是你们国家法律规定的预防原则。"收割者"们展开的反抗是完全合法的，在关键时刻拉响了民主的警笛。此外，还可以把范围再扩大些，宣传我们的"种子自由全球联盟"及其开展的地区性行动。

您倡议将各种捍卫种子的运动连成一片形成网络，有何益处？

　　开展一项国际性运动的念头在脑际闪现，是因为那一天，我深深厌倦了迂回隐晦的新闻、歪曲事实的报道，总而言之全是谎言。国际农业生物技术应用服务组织是在全世界散播虚假信息的源头组织之一。它打着提高农业生产率、减少贫困的幌子，真实目的就是要让第三世界国家接受转基因。前不久，该组织昭告天下，布基纳法索种上了转基因棉花，面积达 200 万公顷。幸好，有布基纳法索政府最终站出来揭露这一谎言，转基因棉的实际种植面积只有 100 万公顷。那一刻，我意识到，面对长期存在的这么多虚假数据，我们不仅有义务重塑事实真相，还要将农民自留种在全世界的推广情况告知每个公民。于是，在 2012 年，我们发表了一份题为《关于种子自由的民间世界报告》[1] 的报告。该报告是 100 多个民间小组、社会网络和组织共同努力的结果，介绍了农民自留种繁殖的现状及反转基因运动的进展，同时也号召全世界人民起来反抗，在专利、知识产权以及在将农民拥有世代培育的物种并对其进行繁殖定为罪行的种子法规面前，亮出不合作的立场。之后的那一年中，我把这份报告带到世界各地，以期创建一个真正有效的网络。"种子自由全球联盟"所提出的种子的自由，是没有转基因，没有专利，也没有农药

---

　　[1]《种子的自由，民间世界报告》，九种基金会，2012 年 10 月。

的一种自由。只有这三点得到了保障，才能实现真正的自由。不依赖国际农业生物技术应用服务组织，是我们的一大优势。我们采用横向的方式收集并传播信息。

收到这份报告的国家是如何利用报告中的信息的？您跟它们之间建立了何种关系？

比如，在哥伦比亚，关于种子自由的知识信息被译成了当地文字，供所有人阅读。因此，在哥伦比亚与美国签订的自由贸易协定于 2012 年正式生效时，农民们顿时明白了，这一协定实际上是对农民自留种的自由繁殖提出了质疑。于是，他们便组织了起来。此外，我们传播的信息，还让他们意识到禽类养殖及畜牧业，如鸡、奶牛等，也同样受到这一协定的威胁。

在欧洲，也一样。生态环保主义者有史以来的夙愿，就是保护自然生命、与污染做斗争，但在捍卫种子方面经验甚少。再加上生物科技又将这一问题变得更加复杂，他们就更不知所措了。我们为欧洲的环保运动提供帮助，尤其是为欧洲国家的议会效劳，他们时常向我寻求帮助。塞尔维亚也向我求助，提议会面。这个国家至今都没有转基因的存在：2009 年，塞尔维亚共和国国会通过了一项法律，禁止商业化种植、转基因贸易，并将进口转基因大豆饲料定为违法行为。

然而，孟山都为进入该市场，使尽浑身解数。于是，我们召集了 20 多个组织，以期保护我们辛苦努力所得的成果。塞尔维亚人民特别重视种子自由问题，加入运动的人数多达 200万。最近，我们收到来自非洲的警报信，信中说道，保护种子的所有法律被一个个废除。他们需要技术支持，而我们必须给出方案。于是，作为回应，我亲自前往非洲四国做巡回宣讲。无论他们来自哪里，向我们发出警报的，通常是国会或为当选者辩护并提供建议的智囊团。他们想要获得必要的知识、不受任何目的驱使的独立第三方而非游说集团提供的信息。他们还请我们在讲座中发言，以期借助可靠的数据唤醒更广大群众的意识。

您为了宣传"种子自由全球联盟"，走访了一个又一个国家，那么，在为种子自由而战问题上您的视野是否因此而有所改变？

是的，我发现，在一些意想不到的地方，暗藏着意想不到的潜力。大批公民成群结队，为捍卫这项事业做好了准备。不仅有农民和农村居民，还有城市居民，他们也为此花费时间，再小的园地也会利用起来，进行种植并与他人共享。因此，我们再也不能说，自由之种的问题只关乎农民了。因为它关乎所有人。同样，越来越多的艺术活动都围绕种子问题展开。今年，一些知名艺术家创作了好几首相关主题的歌曲，其中就有曼吕·乔[①]！这些以前被认为是人人漠不关心且极其复杂的问题，从此牵动着大众的心。这一仗打得漂亮！

---

① 曼吕·乔，法国知名民谣歌手。

· · ·

生态女性主义

· · ·

让世界变得女性化

您的家庭环境，是怎样将您塑造成一个女性主义者的？

我的母亲，在 20 世纪 40 年代就已经是一名女性主义者。当时在印度，这个词还不存在。但这种志向，在我们家可谓由来已久：我的外祖父就是在一场为创办女子学校辩护声讨的绝食抗议活动中丧失了生命。那个时代，很少有女孩子上学。起先，当他把母亲送去拉合尔 ① 念书时，同村的乡亲们就已经见证了他过人的胆量，因为根据婆罗门（占统治地位的社会等级）的规定，女子是不能有受教育权的。尽管如此，我的外祖父却早就明白，让女子拥有受教育权乃是社会解放的一块基石。有一类人，相比宗教教义，他们更加相信科学和进步，外祖父就是其中之一。其他村民也坚定地支持他创

---

① 该市现位于巴基斯坦，在当时还属于印度。

建女子学校的想法。在资助款项到位后，他便创办了一所学校。但资助者中途撤资，当权者也突然转变了态度。一封封请求国家支持其建校的信件，也纷纷石沉大海。因此，他决定绝食以示抗议，得不到经济上的支援，得不到国家的准许，他就滴水不进。可是，在他收到答复时，却为时已晚。他溘然长逝，那时我才刚刚四岁。他所捍卫的学校名叫乔醒兰姆，位于杜亥村（北方邦），直至今日还在那里，如今有 3000 名年轻女子就读于此。可以说，在事业方面，我们家还真有点隔代传。

后来，你加入了妇女们掀起的"抱树运动"。她们教会了你什么？

这些生活在森林中大字不识的妇女，大部分印度人将对社会底层人民鄙视的目光投向她们。而我，是一名物理学家，与我并肩共事的研究者们，都被视作受人尊敬、满身荣誉的伟大专家。在森林里，与这些村妇朝夕相处共同生活期间，我看清了一点：她们实际上掌握着海量的知识，但自己却没有意识到！当问到她们砍伐森林对生态系统造成的影响时，我明白了，她们对生态系统常年以来一直都在用一种几近本能的方式近距离地观察：各种不同的植被，包括最微小最不起眼的，每年河流水位的变化及其成因，森林中的一切，对她们来说都不是秘密。直至今日，这些生活在乡村的妇女，她们采果、牧羊、拾柴、汲水，对自然界有着深刻而准确的认识。这不就是一种专业技能吗？只不过，这种广泛的能力没有通过文字的方式显现出来，也没有学历文凭来证明。在社会精英们的眼中，这种能力好像是没有合法地位的。在大多数人看来，这种精湛的专业技能，甚至还不能纳入所谓的"知识"范畴。但这事实上，却是文化和科学的实践，这种实践活动也在田间得到了延伸：对种子的保护，抑或是耕种策略的选择，很久以来都是由妇女们负责的。

忽视妇女的诸多能力，尤其会使她们所做的巨大贡献无人知晓。在 1988 年对女性农民进行的一项调查中，我们分别记录下了在 1 公顷耕地上牲畜和人每年的劳动时间：两头牛 1064 个小时，一个男人 1212 个小时，一个女人 3485 小时。[1] 也就是说，一个女人在田间的劳作时间比一个男人和所有牲畜的劳作时间总和还要长。自那以后，这些数据又在其他研究中得到了印证：联合国粮农组织特别指出，在亚洲和非洲的农村地区，女性每周劳作的时间比男性多出 13 个小时。她们平均每天要花一个小时去挑水拾柴[2]，但在某些情况下可能

① 范达娜·席娃，《活着：印度的女性、生态与生存》，前文引用过的文献。

② 《女性，农业和食品安全》，联合国粮农组织，2011 年。

会花上 4 个小时。女性在生产劳动中投入更多，这与她们作为母亲的天性有关，她们孕育并保护生命。这一身份，使她们在生活中始终用"生存的角度"去看问题，她们首要考虑的，是那些对于生命来说最根本的问题——食品安全①、生物多样性的保护、健康，等等。在这一点上，女人与男人不同，因为她们保护生命，为了集体不惜牺牲自己。这也促使我将生态女性主义这一概念置于我工作的核心地位。

"抱树运动"中的女性，凭借其出于本能的勇气做出英雄壮举，她们用自己的身体对抗武器和警力，只为保护森林。直至今日，无论是在发展中国家，还是在发达国家，这种利他主义的人生定位，引导着女性推动一个理念的传播——共享。我想，这种善良的天性存在于她们的基因中。她们凭着直觉，感知自己与大自然的命运是紧紧相连的。同样，以前，"抱树运动"的女性不知道整体论这一概念，但她们的行为却证明了她们完全有这种思想。她们的生活方式，就可以作为生态整体主义鲜活的定义：她们将大自然视作相互依存的系统，是一个有机的整体，而不是简单的各个部分的总和。正因为她们有这样的视角，才生发出一种对自然的谦恭和几近宗教信仰般的尊敬。我相信所有的女性，或多或少，都具有

---

① 《女性，食品安全的关键》，联合国粮农组织，2011 年。

134 保护生命的本能、善良的本性和敏锐的洞察力。

您做了许多深入的研究，而且事业蒸蒸日上，请问，是为了打破那个时代对女性的固有看法吗？

不，我本身就对物理学感兴趣。但的确，如果不算旁遮普邦的一个同窗女孩儿，我就是印度那个年代唯一一个投身于这条道路的女子了。那时，我们两个就如同栖身于男性海洋的两滴水珠，我们讨厌男人。那时，这种感受可比孩提时代要更加强烈，儿时的我并没有意识到，有一个女性世界，还有一个男性世界。因为，小时候所接受的教育受到甘地思想和女性主义的影响。上了大学，我才明白，有些人把科学看作是男人的天下，而我们女人就注定是男人股掌间的玩物，没有更低的地位，也没有更高的价值。我心想："这是什么变态思想？"在这样一个女性处境尤为困难的国家里，我平生第一次感受到了社会的歧视。家族的影响和我的过往经历，让我深受女性主义的熏陶，但那时这个词还不存在。我当时已经在看西蒙·波伏娃的作品，当然，这都成为我所受教育的一个重要组成部分。学习的目的，不再只是培养自己的能力、提高修养，更是找到我真正想要的生活。"抱树运动"过后，我凭借自己的文化理念和信仰总结出一点：女性主义只是更全面视野的一角而已。以前，机械论哲学和笛卡尔的理性主义主导着世界，认为管理森林、河流以及所有的资源都如同开发矿层一样简单。我之所以选择学习量子理论，拒绝机械论哲学，是因为我继承了"抱树运动"的自然理念。

这两种哲学，机械论哲学和量子哲学，有什么区别？

机械论哲学，将自然看作是由不同的物体简单组成的一个整体，所有的物体都是恒定的，且相互之间没有任何关系。而人类统治着世界，却生活在这个世界之外。人的生活脱离自然，自然也与人分隔开来。在笛卡尔、牛顿和培根的时代，这一分离的概念，是位于科学的核心地位的。正如我的朋友萨提斯·库玛①所说："当笛卡尔断言'我思故我在'时，他独自一人就创造了真理。他身边所有的一切都不存在。然而，他是将自己封闭在一个小房间里独自冥想时获得这种启示的。假如他在大自然中思考，被绿树环抱，被动物围绕，像菩萨一样感受清风拂面，他就不会产生这样孤独的意识了。"②我完全同意这种看法。

---

① 其著作有《你在故我在》（法文版）（贝尔丰出版社，2010年），还有一些没有译成法文的，如《没有终点的路》（2000年），该书乃作者自传。

② "萨提斯·库玛：'反笛卡尔主义是一种人道主义'"，《世界报杂志》，2011年1月1日。

与机械论视角相反，量子理论是围绕不可分概念而建立起来的。它认为，一切都有着内在的相互联系，固定的物体是不存在的，因为粒子可以组成一个物体，然后是另一个物体，可以不断地变形。它以动态的方式看现实，不仅关注数量，也关注质量。量子理论考虑到物体的动态演变，预先假定一切都是有联系的且不断转变的。当物体没有彼此分离而处于相互联通的状态时，它们远距离相互作用，即便这种联通是肉眼看不见的。

因此，量子理论认为，整个宇宙只建立在势能的基础之上，而不是静止物体的固有特性。这一最新的概念，恰恰是我们这个世界所欠缺的。举一个具体的例子：现在，我们九种基金会农场所在地，以前曾经因为进行过密集型农业生产而变得干涸，土地也完全失去肥力。但这片失去生机的荒地，却有起死回生变成沃土的潜能。所以，我们就是从这一潜能为出发点开展工作的。我想表达的意思，巴勃罗·聂鲁达书写得淋漓尽致："我要像春天对待樱桃树那般对待你。"①

对科学的热爱让您在大学里度过了漫长的岁月，但您却并不接纳大学校园的现代风尚：当其他女大学生开始穿裙

①《二十首情诗和一支绝望的歌》第十四首，C.库封与C.林德克内希特合译，加利马尔出版社，1998年。

子、穿裤子、剪头发的时候，您却始终身着传统服饰。这是为什么？

因为，我一直穿手工制作的棉纺服装，拒绝化妆，也不戴首饰。总之，就是不爱打扮，虽然时代女性的外在特征在不断地变化。上大学时，我也经常会和一群关系比较近的朋友一起度过美好时光，他们从不避讳地笑话我的着装，说看起来都老掉牙了。对我而言，一位自由的女性，是能够欣然接受自己的出身背景的，也能自主选择感觉舒适的服装。那时，我获得了国家科学才俊奖学金，这给我贴上了一个时尚进步的标签。于是，我的外表好像和这样的标签有差距。无法将我归为哪一类，这一点我觉得挺好。这也有可能是父母遗传给我的一个特性，因为他们在世的时候，喜欢融入社会各界，我们家也时常接待不同社会阶层、不同宗教的代表，而他们之间的差距是相当大的。

印度教中所提到的"女性原则"，在您的世界观中扮演着什么样的角色？女性和自然的联系，有没有在某些宗教经文里出现过？

有。古印度宇宙论就认为，所有生物均诞生于一种独一无二的能量，即"夏克提"。这一词同时指代女性原则和创造力。女性与自然之间的联系，无非就是一种适时的发现，从而将性别与生态问题联系起来：这种联系，有史以来就镌刻在我们的基因中，它是几千年前的珍贵遗产。

是什么样的事件激起了您写第一本书的欲望？也就是《活着：印度的女性、生态与生存》这本书。

先让我回顾一下这本书的主要内容吧。其实就是一项研究，研究指出，当食物的供给以女性为中心时，那必定是以共享（与孩子、家人、其他女性，等等）、怜悯、保存和舒适为基础原则。相反，当由男性主宰的工业负责食物的生产和分配时，种子失去了繁殖的能力，饮食变成了一种粗暴的喂养，而女性在此方面的天赋完全被拒之门外。几千年来，女性确保了种子的香火传递，哪怕是在战火纷飞的年代，哪怕是天灾降临，哀鸿遍野。后来，男性对生物多样性的统治导致了暴力科技的诞生，以阻止种子发芽为目的。这本书讲的就是这些。

不把女性视为弱势性别，也不将自然界看成是静止、被动且注定要被开发利用的，我们要用这样的眼光看世界，平等地看待一切。我将自然视为一个有生命的主体，把女性的智慧看作人类得以生存的本源。当这些原则得到承认，一种截然不同的潜能就出现了。我写《活着》这本书的时候，有两件事在我的生活中烙下了印记。第一，就是我在"抱树运动"中许下了承诺。与此同时，我对开发森林行为背后的科学观也进行了解读。我的结论是：这种科学观就是一种机械论哲学，是笛卡尔的哲学思想，认为多少面积的森林就能产出多少数量的原材料。我试图揭露一些谬误，比如，始终用国内生产总值作为衡量一个国家人民幸福的标准。

那么，第二件让您产生写书欲望的是什么事？

我儿子卡提基的出生，让我完全沉浸在女性的世界里。《活着》是在我大学生活结束后所写。那时，我已决意投身于生态环保之战。我再也不想仅仅为了在学术上获得晋升而发表文章。于是，我开启了一种新的写作历程，它基于不受任何束缚完全自由的研究，以我个人的女性经验为支撑。我从来不去想谁会读这样的书。然而，事实显示，今天的读者，比二十五年前本书刚刚出版时还要多。我记得，当年教育机构的一些女性，她们在读这本书时，非常震惊，因为此前从未对生态学有过兴趣。身为拥有博士学位的女人，她们从来没有想到过，居住在深山里的女人能有如此独特的知识甚至堪称专业的能力。观念的翻转让她们思绪纷乱，且在一定程度上，让她们对自身的优越感产生质疑，安全感也相应地减少。此外，当时的生态主义者也受到这种独特视角的审视。

环保主义者那时的理念是：我们应该保护生态系统。言下之意就是我们主宰着生态系统。而我，在当时，却已经将人类比作自然界大型舞会的一个小小参与者而已。

我认为，社会、环境和女性，在今天，被相互合作的联盟与资本主义模式所掌控。当女性拒绝这种掌控时，整个系统都将受到质疑。然而，如今用这些作为论据并起来反抗的不仅仅只有女性。有些男人和孩子也这么做。我记得，曾经有一个十岁大的孩子来到我面前，手里拿着的，是《活着》的意大利语版。他让他的母亲告诉我，他也是生态女性主义者。我问他："为什么？"他回答道："因为我爱大自然，也爱我的母亲。"我将生态女性主义视为女性主义一种更先进的形式，同时也是生态主义一种更深刻的形式。这种理念丝毫不肤浅，也并不转瞬即逝。《活着》这本书于第一版问世25年后再版，又获得了一次成功。生态女性主义不是一种时尚，而是一种长久的生活愿景。

您在写《活着》这本书时，有哪些最重大的发现？

最重要的一种领悟，是关于科学的。科学，其实只是在历史上一个很短的时期内形成的，且在男性执掌的经济利益驱使下一度误入歧途。科学，是笛卡尔和培根创造出来的，他们将其限制在一个简化论和机械论为主导思想的学科。您知道培根曾经写过一本名为《男性时代的诞生》(*The Masculine Birth of Time*) [1] 的书吗？该书大篇幅地描述一种男性为主导的文化，诋毁所谓的女性世界观。书中谈到一个新的时代，在那里，男人主宰自然，继而可以强制推行一种客观文化。对自然的开发，就如同借用机械论的思维，开发一种没有生命的物质。这一切，都是与工业革命同时出现的。于是，主宰自然的文化，曾经被宣称为唯一正确的知识。而保护、留存、再生，这些由妇女、农民和部落族人所掌握的富有生命力的知识，却被说成是令人鄙夷应被摈弃的迷信。我还记得自己当初为苦楝树诉讼案件出庭辩护时的情景。直到那时，西方相关的科学专题文献中，依然将苦楝的农用价值说成是印度的迷信。而当农化业幡然醒悟时，又为苦楝申请了专利！之前被称作"迷信"的东西，摇身一变成了"发明"。同类事件反复出现，不休不止！比如说，姜黄，这种植物有消毒的作用。我们小时候，膝盖擦破皮，大人们立刻就会用姜黄给我们涂抹伤处。当然，对于那些所谓的"专家"，这就是一种原始愚昧的迷信，因为它属于印度传统的阿育吠陀医学范围。大约十五年前，农化业又因姜黄的抗菌效用为其申请了专利。因此，这种所谓的科学，就是在诋毁一些有价值

---

[1] 世界生而为男。（该书中文译名：《男性时代的诞生》）

的知识，而赋予另一些毫无新意的东西以特权。

当我潜心撰写《活着》的时候，明白了这一切都源自同一个模式。将种子收归囊中的权力机构所寻求的，与企业所寻求的，是一样的东西。我书中描写的那些妇女与企业形成对立，因为这些企业欲意建造高楼大厦，掌控河流，操控水资源、食品业、畜牧业……在我看来，对自然、女性及第三世界国家传统文化的统治，是这个系统的核心。这种统治，通过一种人为建设的方式得以实施，建立之基就是一些狭隘有限的知识，首要目的，就是剥削世界，获取金钱。

"生态女性主义"这个词是您创造的吗？

我可不想为这个词申请专利，这毫无用处，这一点我非常清楚！再说，什么都不是我们创造出来的，我们唯一能做的，就是再生、更新。证据就是："生态女性主义"这个词，于1974年诞生于一位法国女性的笔下，她是西蒙·波伏娃的朋友，一个从未真正研究过任何一种生态哲学的人。她创造了这个词，而后又写了一本书，名叫《生态学和女性主义：革命还是变异？》。她名叫弗朗索瓦·德奥博纳。但我与这位女性相见，是在写完《活着》25 年后，与玛利亚·米斯 [1] 共同创作的新书《生态女性主义》问世前。这本著作，是两位女性不同视角的交汇之作，我们二人既是生态学家又是女性主义者：玛利亚·米斯来自发达国家，是德国科隆高等专业学院社会学名誉教授；我，来自发展中国家。其实，生态女性主义的概念，并不仅仅源自贫穷国家女性及其与赖以生存的土地之间的联系。它和欧美女性也是完全有关系的。我们在书中一致肯定，女性，无论她们生活在何处，她们和环境一样，都不会利用经济增长谋取利益。

企业里女性员工的数量在增长，某些国家鼓励妇女进入企业工作——孟加拉国的格莱珉银行就是一个明显的例子——这些难道不是经济发展带来的进步吗？

现在许多公司都由女性执掌：百事可乐、惠普，在印度，还有很多银行始终有非常杰出的女性做领导……这表明，当女性不受歧视时，她们能一直攀登到顶峰。但这种晋升，并非受益于她们得以实现自我发展的职场体系：透明的"玻璃顶"依然在那里。事实上，这些都是"女强人"的例子，她

---

① 玛利亚·米斯、范达娜·席娃，《生态女性主义》，E.鲁宾斯坦译，法国阿尔马唐出版社，1998 年（英文版，1993 年）。

144

们有能力将"玻璃顶"击得粉碎。而这些极少数登上顶峰享受特权的女性，不该让我们误认为全体女性公民都从经济发展中获得利益。在我看来，个别女性社会地位的提升，并不意味着所有女性的地位都产生了良性变化。我想做的是，将焦点聚集于普通个体在日常生活中的经历。但在这一点上，什么都没变。至于格莱珉银行，那只是特殊个例。首当其冲的原因，是妇女们诚实守信，向优先给她们贷款的银行按时还款，这对银行自身来说也是有利的！我曾与印度一个微贷银行联合会有过合作，从他们口中得到证实，印度最富有的人，包括大企业的商场枭雄，都很难做到按时还款。在这种情况下，他们转而向女性提供贷款，我表示理解。

是的，但这贷款也让众多女性能够重返职场，不是吗？

当然，但她们依然默默无闻不为人知，她们的劳动依然受到其所在职场体系的轻视。国内生产总值对女性是不利的，因为很可能就是她们创造了全世界大部分财富，但国内生产总值是不把为自己和家庭创造的财富算在内的。这些财富在官方数字中是看不见的。为自己和家庭所进行的生产是不算数的，它消失了，淹没在专家治国的机器里。女性特有的智慧得不到承认，也未被充分利用。在发展中国家，大多数女性从事生产劳动，为满足自身需求供自己消费。企业，通过在社会上执掌权力，摧毁了女性为确保自给自足而建立起来的经济模式。社会体系，力求用密集型农业代替以自己和当地居民为服务对象的有机农业，用建立种子业来代替妇女们所做的种子交换和留存工作。因此，从结构角度来看，和文化知识领域一样，在经济领域，存在着一种将自然与女性的智慧融为一体、天人合一的模式——这就是生态女性主义，而男性与资本主义共同建立起了他们的统治：资本主义父系制度。

您为什么说女性是种子的守护者？

这一事实由来已久，且为各种文化的共同之处。说她们是种子的守护者，源于以下几点：最早的农民就是女性，直至今天，在那些比较传统的社会中，她们依然种植水稻，精心照料，收获的种子来年再播撒，再收获。这要求精通育种之道，尤其是要下田，还要选出最好的种子，即那些没有疾病、没受过旱灾影响……的种子。靠土地生存的妇女，恒久不变地将这种立足于观察的科学运用到实践中。根据分工，女性通过农业生产、加工、烹制食物负责全家的饮食。她们通过保护种子、留种再播、下厨烹饪、送上美味，将田地里的作物变成了我们可口的盘中餐。烹饪，让她们确保全家人乃至整个集体都健康常在，生命长存。

您为何断言最早的农民是女性？

原始社会中，男人打猎，女人种地、做饭。男人往往也照管牲口，或长途远行。这种分工，在大多数传统型社会中依然占主导。

但，对于西方女性，这种保证家人安食无忧和保护生物多样性的角色，还有那么一丁点儿的意义吗？

饮食系统不仅仅包括农业生产。加工和烹饪也是其中一部分。通常，女性会决定烹饪未加工过的食材，而不是从超市买来成品菜肴回家加热。就像照顾孩子一样，当他们不能吃某一种食物或对某种食物过敏时，母亲就会亲自下厨。这都是女性养育者的角色赋予她们的工作。当然，在富裕的发达国家，女性不再踏入农业生活，也远离了厨房，因为，一些广告中，宣传选择速冻食品，就能轻松卸下厨房重负。工业化进程的目标，就是让女人变成消费者。尽管如此，饮食方面的选择，多数还是由女性来决定的。因此，无论是在一个经济以农业为主导的第三世界国家，还是在一个工业化国家，在饮食方面，女性都依然扮演着最重要的角色，她们可以凭借自身的影响力，唤醒更多人的意识，让更多的人诚言信誓。这正是实实在在发生着的事：当看到孩子们食用转基因食品后出现过敏症状，那些掀起运动，要求在美国的转基因食品一律贴上标签的，难道不是妇女吗？因此，即便是在工业体系链条的最末端，消费者选择面受限的情况下，我们的餐盘里到底会有什么，这个选择权依然归女性所有。

全世界一半以上的粮食都是女性生产的，她们保障了我们的食品安全中最重要的一环，是这样吗？

首先，全世界一半的农民都是女性，但她们对农业的贡献率在某些国家能达到60%。[1] 此外，若女性和男性一样拥有对自然资源的支配权，那么她们可能会生产出更多的食物，她们对农业的贡献率会高出现有比率的20%—30%[2]。

联合国粮农组织交给我一项研究任务，主题是关于20世纪80年代的农业与女性。我当时已经知道全球有许多女性都是农民，但却没有想到，她们人数如此众多。我意识到了女性的力量和文化所能承托的一切，无论是在亚洲、非洲还是拉丁美洲。今天，又一种趋势初露端倪：欧美的新式农民。他们根据个人意愿自己选择成为农民，而非承袭祖上身份。以前的工作领域（卫生、信息产业）往往跟农业毫无关系。

[1]《女性，食品安全的关键》。
[2] 同上。

这些新式农民中，大多数是女性。在意大利，我与一个名叫田间女性（Donne in campo）的组织共事。该组织中的女性，她们的共同点，就是来自各行各业，却都重新选择了投身于农业。她们明白，自己以前的工作和食物多少还是有点关系的。此外，她们对之前的工作都感觉有些失落，我们闲聊时，她们告诉我："我之前那份工作做得挺好，但总觉得缺了点儿什么。"通常，这种缺失感源于工作中缺乏体力劳动，缺乏与土地的联系。最终，她们自问这样一个问题："为什么不去种吃的呢？"她们经历了一次工作领域的重新定位，如同经历了一场救赎。

女性从事农业生产，多半是为了养活人口，而非向工业和市场提供货源。男性耕作则注重效益，带有商业目的，往往会转向出口。因而，比如在印度，我们也发现，女性所采用的农耕方式更趋向于多样化，因为她们关注的，并不是能卖出去多少，而是怎样让孩子吃得好。这样的高标准严要求，使她们在自己的小面积土地上实现了最高的产量。此外，全世界大部分食物得以在厨房里变成美味佳肴，也是女性的功劳。然而，当食品加工业出售成品菜时，她们的生活受到了影响：当企业将原本抗灾能力强的本地农场变为以工业为服务对象的经营场所，屈从于市场的任性和密集型农业生产模式时，就是在摧毁生存所需的资料。而企业只说它们创造了就业机会，却对这一切闭口不谈。

最后说一点，大厨往往都是男性，像是命运在开玩笑。但，如果您仔细观察，试着了解一下名厨的烹饪方法，会有何发现呢？您会发现，他们用的，是自己母亲和祖母的秘方！因而，女性的文化、技巧和专业素质是不容否认的。

您赋予女性优良的品质，她们在您的口中特别慷慨，但男性在您的视野中没什么地位。这不是太过偏激了吗？您认为，在您所捍卫的社会模式中，男性扮演着什么样的角色？

我所捍卫的社会模式中，男性是有些女性化的。不是生理上的，我说的不是变性。我用和甘地一样的视角看待这一点：每天，甘地都要做两次祈祷。第一次祈祷时，他会说，真正的圣贤，是能够真诚深切地感受到他人痛苦且慈悲为怀的人。第二次，他会请求神的相助，让自己变得女性化。甘地认为，女性在内心保有悲悯和共享这两个最根本的价值观，这是女性与生俱来、渗入基因的价值观。而男性，似乎缺乏这些女性独有的特质，除非后天培养。这一切，都是这几个世纪以来，历经殖民、工业化和全球化后，遗留下来的产物。在发展中国家，殖民者将当地男性公民逐出家园，送去煤矿和种植园。后来，工业化和全球化也偏向于选择男性作为劳动者。因而，他们无法对本土经济做出贡献。然而，以保护环境为理念的小范围经济运作中，男性的角色至关重要。比如，在非洲，拓荒、田间准备、翻耕的工作是由男人负责的，当然他们也可以和妇女们一起完成别的任务。但这种分工，会让人觉得，女人什么都不做，什么都不懂。

这样的男性统治局面对任何人都没有好处：一个满足于其统治者角色的男人，必定会缔造出一种暗藏着的暴力体制。而女性想要受到平等待遇，就会导致情况变得错综复杂，整个社会里的每个人都会觉得自己落入陷阱。而生态女性主义，不仅仅以解放女性为目的：它认为，一般来说，男人无法全面彰显人的所有属性。这样的情形，自相矛盾又滑稽可笑：他们是统治者，但事实上，又是铁骨硬汉这一刻板印象的狱中之囚。男人就这样失去了他们女性的一面，也失去了女性化的潜能。生态女性主义，正是在这一点上，可以说是男性的福音。谁成为生态女性主义者，谁就能重新找回属于自己的真正的人性。前不久，我在家乡（北阿坎德邦德拉敦市）的学校门前讲了一番话，讲的是人权，还有人权与环境问题之间的关系。听众80%都是女性。我去找了校长，并对她说："当我进入这所学校念书的时候，学校规定：女生入学率必须达到25%。今天，当有这类主题的演说时，男生的出席率也必须达到一定的标准！"

实践中的生态女性主义

男性具体怎样做才能变得女性化，或者说，怎样做才能实践生态女性主义？

男性应该多花些时间，做些事情，来保护生命，让社会生活与精神层面都保持健康舒适的状态。可以观察身边女性的做法，看她们如何照顾别人，如何与他人分享。男性可从中得到启发，付诸行动。做饭、换尿片、做义工、留种再播、打理菜园……事关保护地球和社会，可做的事，有许多许多。资本主义父系制度曾在我们潜意识中制造了一个迷魂阵：它变了一个戏法儿，就让破坏性的活动表现出了创造性，而相比之下，女性的创造性就显得毫无生气了。这完全就是黑白颠倒。以往，女性在社会或自然界中所进行的活动，都被认为是没用的，但它们事实上，却是一些不引人注意却富有创造性的活动。为了变得女性化，男性需要对此加以认可。无论如何，他们是不会有什么损失的！今天，有近23%的欧洲青年处于失业状态。在这种境况下，想要通过一项有用的工作来让生活变得有意义，一个很好的方法，就是参与到保护地球和集体的活动中来，就像不同文化背景的女性所做的那样。

西方女性如何才能捍卫生态女性主义，尤其是在日常生活和面临选择时？

女性应当把自己深信的价值观摆正，并且要敢于与众不同。在很长一段历史时期内，我们曾公开表露，上战场是能博得赞赏、赢得敬佩的。今天，金融界和跨国公司的狂妄自大，时而还会引发同样的赞赏与敬佩。通过投资和养老金制度去掠夺其他国家，往往被视为一种有价值的使命。而耕田锄地则是被人看不起的劳动。女性应该做自己内心深处认为最有价值的事，并意识到这些工作的价值，意识到这些工作是高尚的。女性和谦谦君子的忧国忧民之心，是拯救地球的灵丹妙药。

我的母亲曾拥有一份光鲜的工作，可她做出了一个选择，那就是，她决定做一个农民。后来轮到我，我结束了学者生涯，告别了学术研究，放弃了这份职业所带来的荣耀，决定献身于保护地球，创建一些像我们九种基金会农场一样的地方。这样的诚言信誓，应被视为无价之宝。一天，在一场演说中，一位年轻人向我提出质疑："在经济学课堂上，我学到，农业社会先于工业社会存在，工业社会后又出现了服务业经济。因此，农业是一个落伍的产业，已经变得毫无用处。""是的，但无论是哪一种社会都需要农业，因为我们要靠它吃饭。"我反驳道，"因此你所学的这套言论，是站不住脚的。我们在未来也还是需要农业的，其他所有产业的存在和发展都依赖于农业，包括食品业、纺织业这些最基本的行业。"

在与德国社会学家玛利亚·米斯[①]就捍卫生态女性主义的主题进行对话后，您有哪些收获？

玛利亚·米斯的祖国，在切尔诺贝利核事故发生后，举国上下大为震惊。她说，在灾难过后，最先关心核泄漏对食物所致影响的，是女性。她们最先拉响警报，告诉大家切尔诺贝利事故已经对欧洲一部分国家造成了污染。因此，即便在一个发达的工业大国里，生态女性主义也是具体而实用的。玛利亚这一补充至关重要，它将使人们以更广阔的视野看待这一运动。生态女性主义，一直被认为是专门针对发展中国

---

① 玛利亚·米斯、范达娜·席娃，《生态女性主义》，前文引用过的文献。

家的女性所提出的概念，因为她们当中，有很多人都是在田间地头劳作的农民。生态女性主义发现，除了地区间的细微差异之外，世界各地的女性都有着一个共同之处，那就是，她们比男性更加关爱环境。

除了女性主义，我和玛利亚之间还有其他相近之处：我们对于人类与地球母亲除根断筋生生分离而痛心疾首。这一分离现象的源头，就是在全球化浪潮和企业入侵下生计经济的覆灭。企业的发展使劳工的迁移成为必然，因为它们需要寻找廉价的劳动力。我们能在印度看到的，多半是众多劳工纷纷前往阿联酋的现象；而玛利亚，在她那边，则观察到迁至德国工作的土耳其人的境遇。要想在此过程中注入些许女性元素，就需要重建我们与土地之间的联系，包括让每个人都能在见证其出生的土地上好好地活着。

您的活动有时会涉及一些带有暴力的斗争关系，特别是与种子公司之间。您作为女性的身份是如何影响对方行为的？

我的生活，有时候会让我发现，自己身处高压之下。暴力，尤其来自一些国家，而警方则是代其行事。我不是军人，但身份特殊，所以警察有时候会感到为难。21 世纪伊始，我们受邀参加了达沃斯全球经济论坛。我有一张胸卡可以让我进入会场，但与我同行的其他朋友都在外面无法进入。这群反全球化运动者挨了打，被铐了手铐，警察还设置了一个巨大的路障阻止他们进入会场。我朝路障那边走去，脖子上挂着胸卡。一个警察迎面拦住了我的去路，还挥起了警棍，随时准备给我点儿颜色瞧瞧。我直视着他的眼睛说："小伙子，你可比我儿子还年轻。你怎么敢对我动手？"我站在一个母亲的立场同他对峙，他表现得像个受了气的孩子，然后就放我过去了。我找了其他与会者讲述事情经过，我说警方设置的路障应该撤去，还有，不能只让我们当中的两个人进入会场，而对其他人则以粗暴相待。"会场里以礼相待，会场外棍棒伺候。你们不能这么对待我！"我这样说道。

我认为，女性的亲善能唤醒良知，平息冲突，包括在警察或军队面前。我记得，在全球化进程初期，我家乡的一座炼钢厂关闭了，要迁去另一个地区，因为那里发放补贴。妇女们封锁了道路。起初，我的同事试图与她们协商，却徒劳而归。后来，我下车去和他们交涉，警察和妇女们便同意仅让我们的车通行。还有一次，我目睹了一场水产养殖领域的冲突，同样，警察无奈之下正准备开枪时，我去协商，警察便离开了。

许多女性都面临过暴力：某些女性与其说是在生活，不如说是在家庭中日日受苦。但她们很少会转而粗暴地对待丈夫，而那些将工作中的不如意带回家的男人，却往往会对他们的妻子实施家暴。这是世界上最常见的一种暴力行为，我担心这种暴力思想会被视作男儿血气的体现一直延续下去。

一些跨国公司为了胜诉不择手段，您是怎样做到在他们的威胁下依然处之泰然的？

我从未问过自己这个问题，但我必须承认，从 20 世纪 80 年代起，我的生活就已经变成了一场近乎永久的战斗。除了受到言辞攻击唇枪舌剑之外，我自己和家人的生命也受到了威胁。那时，我最初做了几份调查，其中一份表明，根据所持数据，对印度北部石灰岩矿的开采，完全破坏了水资源储备。采矿业，以经济发展为由进行自我辩护。而我们得以证明，大山中的石灰岩带来的利润，能比工业开采多 200 倍。如此这般来自女性的冒犯，让采矿业勃然大怒，尤其是印度最高法院一审判决偏向环保，他们就更加怒不可遏。判决如下："当商业运作对人民生活造成了损害，就应该立即停止，而人民生活应该继续。"因此，这些矿山按理说应该停止了作业。但这样的判决却引起了一些暴力事件，保护矿山开采的黑帮直接威胁我。我记得接到过一个匿名电话，有人在电话那头说："不要忘记你还有一个 8 个月大的婴儿和一个 80 岁的父亲，如果你还想让他们继续活着，就不要再斗下去了。"1998 年，我也受到了同样的恐吓。那时，与孟山都的冲突已经是到了剑拔弩张的阶段。于是，我多次收到恐吓电话。我当时特别担心孟山都诉讼案件相关资料的安全。我们将所有资料拷贝多份，并分散在不同的地点保存起来。除此之外，我可以说，这些恐吓行为并没有让我真正感到不安。时间紧迫，这才是应该担心的。

5

· · ·

和平、民主和实践主义

· · ·

地球权利声明

当您获得悉尼和平奖时，您说最大的战争是反地球之战。为什么这么说？

一提到战争，人们就会想到一些具体的战场，如叙利亚、利比亚、乌克兰、伊拉克或阿富汗。而现如今，最大的战争是反地球之战。几家跨国公司为了控制地球上的资源，毫不顾忌职业道德底线，缺乏最基本的环保理念。我们的水资源、基因和细胞甚至五脏六腑，还有知识文化，以及我们的未来都如同处在一场真实的战场上，直接受到了威胁。你们难道没觉着农化业中到处充满着火药味儿吗？这一点很明显地体现在孟山都公司的除草剂产品名称上：围捕、大砍刀、套索。在战争时期制造杀伤性毒药和炸药的工厂，战后不就开始生产农化产品了吗？孟山都公司 20 世纪 60 年代生产的"橙剂"，在战争中由美国空军喷洒至越南丛林，毒害树木和人的生命。这一落叶型除草剂，除了在当时导致癌症和畸形之外，如今，许多其他后遗症也逐渐显现出来。杀虫剂的前身就是化学武器：第一次世界大战中，氯气的使用（如芥子气）让氯化物的杀虫特性得到公认，后因其对环境造成的污染过于严重而不受推崇，先前广泛应用的农药DDT也被禁止。再后来，人们声称，可以利用基因工程寻找到有毒化学品的替代物。而事实上，基因工程却使杀虫剂和除草剂的使用量大大提高。

此外，国家也越来越支持那些侵占资源的公司。于是，国家和企业联合在了一起，形成一股力量，将自身利益凌驾于整个地球和芸芸众生之上。在印度，我们对此看得很清楚：当企业觊觎某片土地时，军队的力量就会被调动起来，助其剥夺原住居民对土地的所有权。同样的事情也发生在希腊和西班牙，警察采取行动镇压示威游行，而示威者们所揭露的事实非常明显：经济危机、食品危机、财政危机无不表明现有的体系正濒临瓦解，在一个资源有限的星球上不可能实现无限制的经济增长。

科学家们宣告，我们正在开启一个新纪元——人类纪。随着人类生活方式的改变，化学与核能得到了发展，城市化进程不断推进，而这些所造成的影响，将写进地球的地质档案里，存放数千年。尽管有些人接受这一事实，并承认人类正深陷僵局走投无路，但他们依然采取人为干预的方式斗争下去，比如，地球工程学方案。他们拒绝放下武器让大自然自我恢复、更新再生，主张依靠科技的力量与自然现象抗争，

162　即组织一些大规模的活动来影响气候系统、缓解全球变暖现象：用硫酸盐颗粒将地球包裹起来，以达到降温的目的；向海洋中播撒铁肥，以刺激浮游植物的生长；或是捕获大气中所积累的碳元素。这些做法是毫不谦虚、狂妄自大的表现，也意味着道德与环保正陷入怪圈。这些做法的倡导者，又一次将人类视为大自然的所有者、主宰者，而不是自然的一部分。因此，捍卫地球母亲的权利，无论是对于环境，还是对于人权和社会公正而言，都是最重要的一场斗争。在现实背景下，只有坚持这样的斗争，才是让世界恢复持久和平、重回稳定局面最可行的办法。

您能说得再详细些吗？地球权利宣言，这个想法现实吗？

当然现实！动植物也可以像人类一样拥有权利。而这，远非个别空想者的乌托邦。地球权利宣言，已是联合国的一项议题。我的朋友玻利维亚总统埃沃·莫拉莱斯，曾就此问题与我长谈。之后，他便将这一想法在其国付诸实践。在玻利维亚，大量资源，尤其是矿石资源，曾遭受掠夺。2010 年，玻利维亚通过了世界上第一部关于地球权利的法律。该法将自然资源重新定义为真正的馈赠，赋予大自然生存的权利、拥有纯净的水和空气的权利、不受污染的权利和在基因上不受改变的权利。自此，地球母亲终于成了一个关乎公共利益的集体性法律主体。这项法律如同一件强大的武器，让保护环境与保护社会的问题重新成为我们关注的焦点。此外，捍卫地球的权利，无疑也是在捍卫人类的权利。最后，我想重申的是，世界各地的原住民，长久以来，都将大自然视为权利的源泉。与如今世人的狂妄自大恰恰相反，原住民并不以大自然的主宰者而自居，他们认为自己和动植物一样，只是这个大家庭的一部分。

您说有极少数强国想掌控地球上的资源。这是一个经过深思熟虑、蓄谋已久的战略吗？这么说好像是在揭露一个阴谋，是不是有些夸张？

同样一个行动，既可以被看作是一种经济上的规划，也可以看作是一项战略，或者说一场阴谋。这取决于您是否是该行动的煽动者。站在不同的角度，看法就会有所不同。但有一样是可以肯定的：一项独霸地球资源、以牺牲自然和人类社会的利益为代价牟取暴利的攻略正在展开。可每当公共利益受到威胁时，和平也受到威胁。除此之外，以这样的攻略为指导的行为，确确实实造成了不忍目睹的惨状。联合国粮农组织的数据显示，每天都有数以万计的人因饥饿而死亡，

164　　而农业本可以养活约 120 亿人，也就是近全球人口的两倍①。

　　不幸的是，绿色经济这一概念，只不过是独霸原料行动的延续。物种多样却不堪一击的生态系统中，每一个环节都受到来自企业的威胁，如对原料的私有化、开采和商品化。哪怕是再不起眼的一根草，也要挖掘它的价值；面积再小的土地也要翻个遍，不遗漏半点儿矿藏资源；再小的一滴水，跨国公司的泵也绝不放过……一切都要过一过工业这层滤网：具有多样性的生态系统，就是工业拿来利用的普通原料而已。对原料的贪婪之心，引发了水资源之战，抢占田地或开采石油也造成了诸多冲突。然而，工业却并没有卸下武器：仅仅掠夺自然资源还不能满足其野心，天然机制也想占为己有。木材，是填不饱其胃口的，连光合作用这样天然的运作机制也要买下。目的就是将这样的自然过程金融化，从而在华尔街对其进行投机性操作。这就相当于深层次地控制自然。

　　这就是您所称的第三次绿色革命吗？

　　是的。第一次绿色革命，将化学引入了农业。第二次绿

---

　　① 资料来源：《食物权》，报告人齐格勒，联合国，2004 年；《我们喂养世界》（又名《喂不饱的地球》），艾文·瓦根霍夫执导的纪录片，2005 年。

色革命，又将生物技术，即转基因技术，引入了农业。第三次绿色革命，则随着合成生物学的诞生而兴起。合成生物学所研究的，是一种新兴科技，旨在将自然生物转化为"活的工厂"和燃料。这一学科的愿景，就是人工设计各种生物元件，并将其一个一个组合起来，形成生物系统，像电脑或工厂一样运行。实际操作所涉及的，便是一系列的化学反应，包括人造微生物（如细菌）。这些微生物相当于"细胞工厂"，用于制造分子。以分子为基础，就可以制造出一些聚合物和植物燃料。这三次革命都是以同一个前提为基础，这个前提就是：生命是一种原料，构成生命的机体就是简单的机器。这种观点忽略了一个事实：生命是复杂的，以多样性为根基，以自我管理、自我组织的形式展现出来。所以说，前两次绿色革命原本就是注定要失败的：化学农业和密集型农业的发展，导致农业生产形成单一作物种植的局面，然而，生物多样性对于生命而言是不可或缺的。生物科技的观点是，基因可以单独发挥作用，尽管基因与基因之间互相依存、紧密联系，且每个基因都与生物体的几方面特性相关（如产量、抗灾性，等等）。第三次绿色革命的指导理念，与地球上生命之本原是相悖的，且比前两次更加离谱。当一个地区的生物尚未加工成生物燃料时，就会被认为是没有生产力、旧而无用的东西。第三次绿色革命表现为一种新的"生物经济"。在游说者们看来，坚定推行第三次绿色革命的国家和企业，将主宰一个新的经济时代，就如同石油生产国主宰今天的时代一样。如此说来，不过是一场所谓的革新。其信徒也最终承认，这一新的时代，也只是我们所经历过的碳时代、石油时代的延续罢了。

这些预言有可能成为现实吗？这第三次绿色革命，您能举例给我们说一说吗？

很不幸，这的确有可能。据世界银行预计，从现在起至2030年，原本用于粮食生产的农业用地中，将有1800万至4400万公顷全部被改用于工业生产，特别是生物燃料的生产。与此同时，生物乙醇和生物柴油的全球产量，也必然会继续快速增长，以期在2020年分别达到1550亿升和420亿升的预计指标。①这一转变给农业用地带来了前所未有的压力，投资者们在全球范围内到处收购可耕地：摩根·斯坦利在乌克兰购买了40000公顷土地；贝莱德集团创立了一项高达2亿美元的农业投资基金，其中3000万美元将用于购买土地；阿联酋在巴基斯坦购地90万公顷……同样，在非洲，此种行动

① 《经合组织-粮农组织2011—2020年农业展望》。

的规模也是史无前例的。这些投资者，就是非洲大陆上胆大妄为的新一代殖民者。继投机食品业后，金融市场主体又将眼光瞄向了土地。

经济、科学、民主的和谐共生

农化界十大龙头企业，在三十年中，收购了数百家种子公司，从而掌控了全球三分之二的种子市场，将全世界65%的农业生物技术专利及产品也收入囊中。这种集中，对民主构成威胁吗？

是的，无论是哪个行业，出现这种局面都会对民主构成威胁。但是，在种子业，权力的集中会带来更为严重的影响，因为一切都源于种子，比如，制作服装的纤维来自棉花，五谷杂粮、蔬菜和油料作物让我们得以维系生命。这并不是一种即将到来的威胁，自由的丧失成为现实，已经不知有多少年了。借助强大的游说集团，企业经常对种子业相关立法施加决定性的影响，而这些法规本该由人民选出的相关立法人员来制定。垄断，把分散变成了受少数企业操纵的工具，而分散，本应来自人民，始终为民。举个极具代表性的例子：

《孟山都保护法》。这可真是给种子巨头的一份"大礼"。2013年4月，美国法律中加进了一项条款，根据该条规定，美国司法机关不再有权反对转基因作物的种植，即便有相关案件诉诸法律。换言之，这项由国会表决通过并由总统奥巴马签署的法律，收回了原本属于美国法院的权力。从此，无论转基因作物的种植和销售对自然环境或人体健康造成何种影响，美国法院都不再有可能加以阻止。民主深受破坏，群众一致抗议，请愿、游行等活动纷纷展开，此项临时法最终未能获得延期执行。

这些跨国企业也用同样的方式与各大国际组织交涉。例如，《乌拉圭回合农业协定》由嘉吉公司前副总裁丹·阿姆斯特茨拟定，旨在为农化产品打开发展中国家市场的大门，将传统农业模式转变为以农药消费为主的工业化经营模式。亚洲农业人口比率过半，即将成为世界上最大的农业经济体，这个市场对嘉吉来说非常关键。跨国企业赚取利润的直接后果，便是将民主引入歧途。因为，这些企业不惜重金投资游说活动，获得了本不应属于他们的权力。比如，在印度，所有机构都明确表示不接受转基因产品，而游说集团仍在使出浑身解数推广转基因 Bt 茄子。在这一点上，游说集团可以说是百折不挠。印度国会用了四年的时间研究转基因，最后将其拒之门外；最高法院将任务交给技术专家委员会，后者最终也予以否定；各种公众听证会也坚决抵制转基因，政府甚至发布了引进转基因产品的无限期暂停令。至此，制度的所有支柱，在公认的评价标准基础上，均提出反对意见。但游说集团却对这些机构逐个下手。他们最后没有得逞，但我们仍须保持警惕。

印度关于转基因的法律为什么会与世界其他国家的有这么大区别呢？为什么印度公民能受到更好的保护呢？

最大的区别就是，1999 年，印度在制定关于转基因的法律时，请了一批权威的分子生物学专家。这些科学家很清楚地知道转基因意味着什么，而且他们与任何一个产业都无丝毫关系：他们只为国家服务。所以他们完全是在科学观察的基础上草拟这份法律的。印度宪法保护农业，国家在此方面拥有实权，这些都使农民能够获得许多权利。在美国，则相反，有权有势的孟山都崛起了。这一企业对美国的法律条文产生了决定性的影响。随后，孟山都又利用美国政府向世界施压，强迫其他国家接受自己的观点。因此，自 20 世纪 80 年代起，孟山都就确定了美国要扮演的角色，那就是在国际法层面上为转基因开辟道路。

怎样使科学研究变得更加民主呢？比如说，公民和农民

怎样才能与科研建立联系？考虑到生物科技相关主体的复杂性，真的有可能在他们之间建立联系吗？

　　有可能的，甚至应该说是必须的，无论是涉及转基因，还是其他专业领域。20 世纪 70 年代末，我完成了关于量子理论的博士论文，并在加拿大西安大略大学通过了论文答辩。一条坦荡的学术之路已展现在我的眼前，只等我踏上行程。然而，当我看到业内研究者对科研已漠然厌倦，对质疑精神缺乏开放的态度时，这条学术之路对我来说就越发没有吸引力了。在我看来，一次真正的转变势在必行，不能让企业家利用科学家强行实现自己的计划。我很快就得到了一个机会，让自己的价值得以体现。回国后，环境部部长交给我一项任务，做一份关于采矿业对杜恩河谷地区自然环境影响的调查。那里正是我的出生地。该地水资源的供给，很大程度上依赖于深处地下、环绕四周的"石灰岩带"这一地质系统。然而，采矿业却将这些石灰岩分布的区域占为己有，用于开采矿石。我利用这次调研的机会，开展了一项研究工作，让当地民众也参与进来，因为这与他们息息相关。我所研究的生态系统，正是他们赖以生存之地，因而，在我看来，他们是最能提供可靠信息的。于是，我们对 500 位村民进行了采访。他们对当地情况了如指掌，比如，哪里有涌泉，采矿前后河水的水位分别是多少等，他们都一清二楚。村民们的贡献，使石灰岩开采行为对水资源的影响得以用数字量化。

但这种公民共同参与的行动方式在转基因这样复杂的领域也可行吗？

我们应该记得，从前的农民，在这些问题上，都是完全参与进来的，因为他们自己育种，所以他们明白其中的利害关系。这一点，在1998年孟山都进军印度时，我就觉察到了。我把自己的研究进行整理归纳，做成宣传册，译成泰卢固语、马拉地语及许多其他印度方言，分发出去。材料中还加进了地图，图中标出了非法试验基地的位置。农民们一看就明白了，于是，在全印度范围内，抗议行动骤然四起。

这本宣传册的内容是什么？您想传达何种讯息？

这本小册子主要介绍孟山都公司的历史，从公司起源讲起，包括最初制造"橙剂"等战时军用化学品。材料中还以棉花为例解读了转基因的问题。

除了在印度，我在其他地方也运用同样的宣传策略。比如，在我受蒙特利尔大学之邀做一些环境研究项目时，有一场会议，我邀请了全校所有的教师参加，向他们提议，将生物科技融入其研究工作中，无论他们的专业是什么。这也是一种方法，能唤醒非专业领域人士的参与意识，让更多的人了解该问题的重要性。我的提议收到的反馈很有意思，许多教师说："这太复杂了，我对这些技术一窍不通，怎么能谈论呢？"于是，我做了一个决定，我要和他们一起写一本教材，让每个专业领域的人都能读懂。也就是说，在这本书中，会有生物教师应掌握的生物技术知识，也有政治学、历史学、社会学教师应该了解的。总之，要明白生物技术到底是什么，并不需要成为生物学专家。理解，是一个层级的问题。企业和专家声称："你们这些普通公民，不懂科学语言，所以你们无法知晓，更不能发表意见。"这就等于在说："如果你们不懂法语，你们就听不懂我的话，因为我是印度人。"其实，不同的学科，只不过就是用不同的语言来描述世界的状态。我们每个人，都可以通过学习积累知识，积累到一定程度就可以在与人辩论时派上用场。机械理论思想指导下的过度专业化，造成对知识的过度分割，对此我们应当采取抵抗的态度。因为，每个人都应当有权了解并有可能读懂非自身专业领域的重要问题，用一种跨学科跨领域的眼光去看世界。

但对于我们很多人来说，要读懂某些科学，真的像学汉语那么难？

对，但没有必要学得那么精，懂得那么多。当您发现一家企业在一种作物中植入抗生素抗性标记基因，您能预感到这不是件好事。公众知道抗生素是什么，因此也就知道抗生素抗性标记基因意味着什么。您知道，如果吃了含有这种标记基因的食物，真的不会有什么好处。这是一个判断力的问题。人人都知道，一旦接触抗生素，病毒就会产生抗药性，变成"超级病毒"。这是最基本的原理，我们都明白。同样，有机农业生产者对某种产品说不，也是合法的，即便对该产品的分子结构并不知晓。总之，决定用哪一种种子，启用什么样的饮食标准，这样的权利不应仅仅取决于对某一科学的掌握程度。这些决定还必须考虑到，比如说，企业与公民之间的权利关系、转基因对生态系统的影响。对这些关系有一个基本的了解，可以说是一件简单的事，人人都可以做到。所以，每个人，无论其文化水平如何，在这些问题上都可以有自己的看法！

在您看来，当一种种子或杀虫剂投入市场时，是不是最好将所有数据和分析都公之于众？近50年以来的研究结果是不是也应该公开？

所有可能对公民的生命造成影响的，都应该进入公共领域。在印度，孟山都曾以商业机密为借口，试图隐瞒转基因Bt茄子的一部分测试结果，最终受到起诉，案件呈交信息权利委员会审理。根据委员会代表团的判决，孟山都隐瞒事实真相，损害了公民的利益，商业机密不能作为隐瞒信息的合理理由，所有相关信息都应公之于众。最终，所有数字在网络上得以公开。这场胜仗，让民众充分意识到了信息透明的重要性。如今，在印度，人人都能够获得所需信息。

我们坚持信息公开的原因有两点：第一，游说集团力量强大，他们以机密为由，借助科学达到其他目的。因此，要明确信息公开的必要性，迫使政府官员和科学家做到信息透明。第二，转基因存在很多风险，比如，会扰乱植物授粉过程。科学家在这方面做了足够多的研究，因而转基因的不良影响得到了广泛证实。澳大利亚有机农场主史蒂夫·马尔施提起的诉讼，就提供了无可辩驳的证据。2010年，因其农场70%的土地受到相邻农场转基因作物（尤其是转基因油菜）的污染，他的有机农业资格证书被收回。史蒂夫向西澳大利亚州最高法院摆出事实，这种污染的蔓延对其农场造成了极其严重的影响。

公开所有数据，对于那些不依赖跨国公司的科学家，也是一种间接的保护。信息透明一旦缺失，支持转基因的游说集团就会趁机混淆视听，会让人们对吉尔-艾瑞克·塞拉里尼和阿尔帕·普兹泰得出的转基因有害公众健康的研究结果产生怀疑，尽管这一研究成果曾刊登在世界最权威的科学杂志上。

国家应该采用什么样的良好运作程序才能让转基因种植准许令的颁布符合公正公平的原则？在这一方面，哪个国家可以称得上是楷模呢？

其实，严格执行现行法律，包括《健康法》和《环境法》的每一条规定，同时充分发挥民主机构的优势，做到这两点就可以了。孟山都游说集团的策略，就是立法。确立一项看似合理、平淡无奇的法律，一旦投票通过，便犹如特洛伊木马，将其他现行法律碾得粉碎。这就是对民主的一种颠覆，一种改变。民主机构应充分发挥其作用，以捍卫公民的权益。在印度，我们据理力争，使地方政府能够依照现有法律，抵制农化业的入侵，断然拒绝不想引入的产品。全国13个地方政府都没有接受转基因Bt茄子。某些大区政府也下令拔除杂交玉米。地方拥有实权，至关重要。因为，总理办公室所施加的压力，提供不了任何保障。而那些农化企业的行动原则是，如果他们得到了两所机构的同意，而其余八所机构予以否决，他们就放弃。因为他们要么全部拿下，要么全部放弃。也正是因为这样，他们没有勇气进军欧洲市场。所以，使法律得以执行的最佳斗争方式，就是唤醒所有民主机构及相关多种学科领域的维权意识。因为，生物安全不仅仅跟生产（如转基因作物的生产）有关，一种产品如果对所有的生物（包括植物、动物、人类等）都造成影响，也是关系到生物安全的问题。此外，除生物技术以外的学科也应该做出贡献。

意大利在维护地方民主、抵抗转基因方面做得相当好，堪称楷模。在这个国家里，各大区都有很大的立法权。这就使一部分大区政府能够严令禁止转基因作物在其区域内种植。许多决策都由当地政府做出。在这一点上，可以说意大利对于民主之根基所持的是尊重的态度。印度在反转基因斗争中取得了很大的进展，但我们选择的自由一直受到威胁。《生物安全法》正在遭受破坏，我们因此全力而战。游说集团欲意用一项新的法律取而代之，以保护孟山都在印度的利益。这一行动的目的，就是在一个本应存在多项法规、多种原则、多个法律文本的领域，只建立一项法规、一种原则、一个文本。然而，食品界和药品界的性质是不一样的。将一种酶引入一个生物体，与一颗种子播撒至田间所带来的结果也是不一样。农化业游说集团制造混乱，处心积虑地要弱化法律的调节功能。他们推崇的新法，就是要将美国的系统成功复制到印度，实现工业的自我调节，然而在印度，生物安全则是一种合法的义务，且由国家制定框架。

动员与抵抗

面对环境和社会所遭受的威胁，怎样才能将公民动员起来？

民众的思想往往易受影响，以至于他们认为，现有的体系无法替换，自己的意见微不足道，公民的行动没有任何成功的可能性，因为那些跨国公司神通广大。民众需要知道，他们手中有一根决定性的杠杆，因此他们享有绝对的特权。但，如何引起民众的注意？采取怎样的行动才能有效地唤醒他们的意识？环保事业中有多少积极分子，就存在着多少种答案。我们不能采取千篇一律的方式行动。以前，活动者们都是在一个金字塔式的结构中组织统一行动，但那个时代已经一去不复返了。那种结构，一直阻碍着环保事业的发展。在组织和动员方面，我深受甘地的影响。有人说，社会是一个金字塔，处于底层的人托起顶端的人，而居于顶端的人却压迫底层的人，但甘地完全否认这种观点。他曾说："民主应该广泛推行，永远不该平地而起。"意思就是，民主不应该纵向发展，而应横向推广。民主运动应该像一颗卵石掷入平静的海水所激起的波纹一样，向外扩延。每一道波纹都自成一个中心，每一个中心都与其他中心相互撑托，都要保护所有进入波圈的一切。这种保护，在我看来，就是要通过创新思维实现。因而，这并不等于在说："你们被孟山都洗脑了，我也要用我的理念给你们洗一次。"我们的想象力是丰富的，可以不断生发出新的想法。我们想传达的讯息是："世界上发生了这些事，结果会怎样，每个人自己去思考。"在我们九种基金会这一非政府组织里，这种观点落实在行动中，我们让每个成员都充满责任感，具备自主性。金字塔式的管理，要求管理者无处不在，或至少给人无处不在的假象，才可以持久地掌控一切。与此相反，我倒宁愿在组织内部创造人人言论自由的氛围。一旦这样的氛围营造起来，就不必事事介入。我尤其不想在过度管控中迷失自我，不想把农场和环保运动管得过了头。与此相比，我更喜欢尽可能多地给出好的想法。

随着访谈的深入，我们发现，你们的斗争往往采取"不服从"的运动形式。这是为什么？

在我看来，甘地最伟大的贡献，就是我们称之为"萨提亚格拉哈"（出自甘地家乡的古吉拉特语）的原则，即"为真理而战"。对于甘地而言，我们最高的道德义务，就是对一项不公正的法律说不。"公民不服从"运动，正体现了这一理念，而这一理念与非暴力主义是密不可分的。甘地说过："那种认为不公正的法律也要遵守的盲从思想一天不消除，奴隶制度就会继续存在一天。"①他的这种观点特别符合我们的现实：一种新的奴隶制度出现了，它建立在消费的基础之上，以对金融机构、种子公司的服从为特征，这种制度正在让人们遭受摧残。"不服从"并不仅仅是说不，也不只是批判，它必须具有创新性，提出一些可以取代现有模式的新做法。因此，在我们的全民动员工作中，"不服从"原则是与其他两大基本原则结合起来的。这另外两大基本原则就是：斯瓦得希和斯瓦拉治，意思分别是"自给自足"和"自决"。自给自足原则，是要我们生产出社会真正所需要的一切物品，重新建立起一种独立稳固的经济模式。如今，这种理念已经形成，世界各国都回归食品生产本地化，就是一种体现。不知不觉中，公民们就变成了消费者，而且对大企业产生了极大的依赖性。在这一过程中，他们丧失了许多宝贵的技能，而这些技能对于缓解即将来临的危机却是必不可少的。因此，我们必须摆脱自身对跨国企业的依赖，重新用起自己的双手。这种自给

① 莫罕达斯·卡拉姆昌德·甘地，《印度自治》，1908年。法文版：《他们的文明和我们的解脱》，德诺埃尔出版社，1957年。

自足，便是能够实现斯瓦拉治的一个重要保障。

斯瓦拉治，这个词的确切含义是什么？

是自由，也暗含不服从的意思，尤其强调对集体、国家和地球，每个人都有一份责任。可以说，我在印度所开展的运动中，斯瓦拉治是一个决定性的因素。一个地区的水资源，是民众赖以生存的公共财产，那么，水资源难道不该由当地居民自己管理吗？难道他们也没有权利在田间播撒自己的种子吗？这样的问题，世界各地，哪里都会有，大家一听就能明白。这种权力下放、自我管辖或自我管理的原则，让每一场地区性的斗争，不用等待上级下发指令，就可自行开展。这样一来，运动就在整体上大大得到了巩固。我非常高兴地看到，甘地的三大哲学理念在欧洲得到了广泛应用，尤其在"转型城镇"、蜂鸟协会、"不可思议的食物"等运动中体现出来。继续努力！愿你们将甘地的思想发扬光大！

甘地的做法也是偏重精神领域的。从个人角度上讲，我们每个人怎样才能完成一种内在的转变，让自己成为一个对他人和社会有用的人呢？

我认为，行动主义者首先要从自我的思想、内心和双手开始。那些损害地球利益的人，用的仅仅是他们的头脑。他们不允许自己的内心和意识去指引大脑，而且低估了体力劳动的重要性。工业化侵入了所有行业，几乎让我们的双手失去了原有的用处。这就相当于给人类截肢。当我们的手不再劳动时，大脑也只有一部分在工作。在九种基金会，从事体力劳动的人，一般不需要别人告诉他们应该做什么。他们自己知道，地是需要去种的。他们面朝黄土背朝天，一看就知道下一步该做什么。而我们的实习生，我发现，越给他们做培训，他们就越倾向于等待指令！因此，内心的转变，要通过用自己的双手来劳动，才能得以实现。这应该作为当前生态社会大革命的中心原则。这不仅能使我们开创出一条新的道路，尤其是一条新的农业之路，还能诞生出新兴人类，他们具有更强的韧性，在经济崩溃时更能从容应对。就像那些希腊年轻人，在危机来临时，重返土地。将权力授之于民，让群众充分参与到自主行动中来，就是在践行量子理论！环保卫士长久以来深受机械论思维模式的影响，他们把每个人视作位置固定的齿轮。其实，每个个体都是一个鲜活的力量，独立自主，却又相互关联。

　　在您看来，合作，对于环保事业的积极分子来说，是一个重要的纬度吗？

是的，这至关重要。一个环保事业的积极分子，当他看到很多人都为这同一事业而奋斗时，就会觉得自己更加强大。这就是"种子自由联盟"能让我们跨过那么多疆界的原因。在全球，许多反转基因革命战士，只对反转基因活动积极踊跃。我总对他们说："你们不种地，不自己生产食物，这样会削弱你们的力量。你们不能仅仅只是不停地说不，把时间都耗在这种单一的行动上。不能靠这个吃饭！"同样，还有许多反转基因战士受自身环境所限。比如说，英国人就只反对英国的法律。欧洲人，就仅限于在欧洲范围内看问题。我对他们说："不，这关系到整个地球！"五大种子公司在全球范围内展开行动。因此，就算你是哥伦比亚人，也应当了解欧洲的情况。印度人也要知晓美国的动向。而美国人也需要明白非洲的重大问题。要努力具有这样一种开阔的视野，才能使我们的信息丰富起来，才能有利于交流，有利于行动、斗争及经验总结，最终，我们的发展潜力才能够得以提升。如今，行动主义是一把宝贵的公民之剑，在工业巨头面前，它的力量，比所有公民简单地聚集起来所达到的力量要强大得多。

您实施动员的能力已四处彰显。能给我们具体讲讲，您获得成功的秘诀是什么吗？20 世纪 90 年代，您将来自全球各地的游行队伍齐集一地，参与人数多达 50 万。您是怎么做到的？自那以后，您的方法有没有改变？如果让您给舆论引

　　我现在采用的还是 20 世纪 90 年代的方法，就是让每个人都能获取全面的信息，因为，这始终都是应该优先考虑的问题。对于环保事业的积极分子来说，最能让他们获益的，就是赋予公民提前预知的能力。当年，在班加罗尔，能聚集 50 万游行者，最具决定性的行动，就是组织培训，尤其是培训许多农民团队和环保卫士。那时，我们经常从城市到农村，在广场上开大会，有时也租赁室内会场，或在户外搭建帐篷。与会者中，不仅有相关专业人士（农民、协会领导人、政府官员等），还有对我们的主题颇感兴趣的普通公民，因为我们的主题关系到每个人的未来。这样的大会，使我们让每个人都意识到，国际贸易准则中存在着问题，种子获得专利，会造成一些后果。会后，农民们就明白了，这些问题给他们日常农业生产活动确实都造成了影响。

　　另一重要行动，就是发现每个人的力量，将其聚集起来，组织集体反抗。但从 20 世纪 90 年代起直至今天，全球化浪潮逐渐使个人自由受到了限制。比如说，以前，印度农民可以买一张火车票或汽车票，就能来参加游行。而今天，低到不能再低的农产品价格和倾销行为，使农民变得穷困潦倒，几个卢比也要精打细算。为了解决这个问题，我们必须分散行动。将众人齐集一地，不再像以前那样容易了。如今，我们依然在整个印度开展斗争，但再也没有大家齐聚一地的雄心了。2013年5月23日，我们开展了反孟山都世界游行，那就已经不再是所有人走在同一条路上，而是每个活动小组在当地组织游行了。这一分散原则，使我们获益良多：在52个国家，436座城市里，多达200万名游行者走上街头，反对转基因，反对种子公司意图强加的工业化农业模式。这场大游行，仅仅用了2个月的时间就组织起来了，主要依靠的是社会关系网。可以说，这些环保活动的积极分子将民众动员起来，是通过一种近乎自主，而不是被动响应号召的方式来实现的。

我们在制定策略之前，会先观察。通过观察，我们发现，用说教的方式，是无法吸引公民并将其动员起来的。他们讨厌说教，我本人对此也非常厌恶。让他们心生畏惧地投入战斗，是不可行的。滔滔不绝地讲述孟山都掠夺农民、摧毁土地之行径，也是不够的。在心中播撒希望的种子，才是必行之道。更好的方法，则是激起公民发掘自身更大潜力的欲望。这样，能够释放出他们的力量，每个人意识到自己拥有诸多可能性，继而产生责任感。总之，我制定动员策略的第一条原则，就是要让每一个参与者都有归属感。因此，不能说"这是我的旗帜，你也来摇旗呐喊"！太多的环保卫士都等着有人主动前来跟随。这种领军的想法，应该摒弃。

第二条指导原则是宣传。宣传工作，就相当于农业生产中的授粉环节，当您投身其中时，您不会将时间浪费在思考如何收割的问题上，而只会专注于授粉。换言之，当我们在为种子重获自由、反对跨国公司、争取食物主权等问题而战时，现实表明，让运动自行发展，比一个劲儿地管控要有效得多。金字塔式的结构，是男性组织行动的一种方式，建立在权力和统治的基础之上。而女性的动员方式，则是让奇思妙想、卓越创举和整个运动网络都自行发展。也就是说，专注于给予，而非所获。我觉得，从前我们将机械论思想引入得过深，以至于斗争的方式都被其浸透。举个例子，有些人来到这里，对我说："我们或许也应该建一个您这样的农场。"我回答道："为什么你们要做一模一样的呢？"参观者们应该将我们这里建立起来的原则，运用到自己的环境中。只有原则是最重要的。牵涉到具体的细节，都需要视情况而定，比如说，土豆、四季豆和西红柿，就完全不同。但共同点是，它们都是由一颗种子种在肥沃的土地里生根发芽长出来的。就连环保卫士，也是在不断地寻找完美的领袖人物，或是绝佳之地，获取灵感，甚至模仿。然而，我们不该成为机器，不该统统做一样的事情。我们是有生命的人，无论我们做什么，无论身处何地，包括在动员公民的过程中，我们都应该为纷繁多样、百花齐放的想法和行动欢呼喝彩。

如果说今天有一个理想化的东西在大规模地将人们动员起来，那就是消费。环保之战如何才能与源源不断、铺天盖地的广告势均力敌，如何才能与社会的制约相抗衡？

消费只是一种表象，它反映了社会深层的一种病态。它的源头，是生产过剩。生产出来那么多产品，必须销售出去，这就迫使人们要购买多于原本需要量的商品。保持经济增长这一目标，将企业逼入绝境，只得马不停蹄地销售产品。它们的销售策略，就是让产品在短时间内废旧，使消费者不得不购买新品。如今，有的鞋子只能穿两个月，其实，如果做工精良，能穿十年。我穿的纱丽中，有一些是我妈妈穿了二十年的！一件好的纱丽，能穿五十年，您知道吗？可惜，一种基于耐用品的经济模式，会降低消费量。而以一次性产品、剥削他人为特征的经济模式，则会刺激消费，拉动经济增长。

消费者这一角色，在人类社会中，能产生意想不到的作用。我们当中大多数人都消费，但什么也不生产。有一天，我在阿萨姆邦（位于印度东北），有人送了我一匹精美的绣花布。在这个地区，家家户户都以织布为业，他们制作精品，赠予宾客。每户人家都有自己独特的图案，看到布上的图案就知道是出自哪家之手。他们是生产者，是创造者。但如果不织布，而是作为消费者去购买产品，那么他们就会失去原有的身份。消费社会所宣扬的是，如果我不购物，我就没有存在感。这种思想会毁掉我们原有的身份特性。为什么全世界的购物中心里，到处都是年轻人？因为对于他们来说，其他一切都失去了意义，唯有在那里他们才能找到生命的意义。这是一种深层的心理危机。制造商迫使公民们做一些他们无法获得满足的事情，而他们却无法抗拒。购物永无止境，他们陷入了令人挫败的消费旋涡。相反，如果以找寻人生意义为导向，那么应该提倡的，就是节制：够了，这足够了。我吃得够多了，这顿饭就吃完了。这些衣服够我穿了，鞋子也是。有些城里人，鞋子都不计其数，太不可思议了！这一切的根源，就是想要实现无止境的经济增长。这种想法导致了对自然资源无限度的利用，对人力资源无限度的剥削。开采铁矿的公司，什么也不会给后来者留下。出售原木的公司，会把原始森林里所有的树都砍光。因此，无论您怎样看这个问题，站在生态学的角度上讲，这一切都必须慢下来。万物都有一个度，而生产本位主义会破坏这个度。超过一定的度，经济就会受损，因为一个仅仅由消费者构成的社会必定会坍塌。而这，正是南欧所经历的：在希腊，各大城市都建了太多的购物中心，而如今都空空如也。在我们有限的一生中，我们将会看到消费文化的兴起，然而在欧洲的一部分地区，人们已经目睹了它的灭亡。每个人都必须知道该如何应对。消费世界之外的生活，超市购物之后的生活，这是人类现在需要制订的计划！

如果这种消费社会的弊端不断积聚，达到了群聚效应[①]，您认为目前的趋势能得到逆转吗？您有没有看到一些有利的征兆？

其实，我认为达到群聚效应并不是必要的。为什么甘地说"让自己成为这个世界上你想看到的变化"？因为有太多的人以体制惯性为借口不愿改变。他们等待体制自身的演变，等待达到群聚效应的那一天，再去做一些改变。否则，按照他们的说法就是，自己的行动太过孤立，没有办法改变任何事物。甘地说："如果你行动了，人们也会跟着你行动起来，而且，每个人都会跟你做的一样多！"如果你做的是正义之事，你不仅能通过行动本身发挥影响，而且能让那些原本有失落感、失去人生意义的人从中受到启发，然后，他们也能行动起来。在九种基金会，公民们来到这里，正是因为我们将言论落实到了行动中。

现代社会围绕着一个谎言组织起来。然而，这一谎言就如同一种过饱和的化学溶液：滴入一滴真相，整个溶液就会结晶，无一例外。糖的结晶就是这样形成的。我们的社会充满了失落感。我们生活在一个物质丰富的环境中，但却失去了意

---

① 群聚效应，社会动力学名词，用来描述在一个社会系统里，某件事情的存在已达到一个足够的动量进行自我维持和持续发展。

义。在这样的情况下，每一场斗争，每一个创举，每一种新的模式，都是一种催化剂，一个能产生连锁反应的启动键。

是的，但我们毕竟不能掩盖一个事实：要想在整个社会范围内实现一种变化，还是有一个门槛要迈过去的。尽管甘地有言在先，但群聚效应这一概念，在现实中，仍然是一个必不可少的因素。我们会渡过这个难关吗？

我想，有越来越多的人已经做好了变革的准备。现在缺的，不是参与者的人数，而是参与者之间所应建立的联系。我们创办了地球大学，和英国舒马赫学院建立了合作关系，两校都开设了生态转型课程。这两所学校很重要。因为在这里，学员之间可以建立联系，他们会有更多的选择。同样一个人，单枪匹马上战场和与其他人一同作战是不一样的。当身处一个与他人互相联系的关系网中，许多可行的办法、许多潜在的可能性就会隐现。要想有这种团队效应，就需要建立这样的机构，使那些有变革想法的人可以充分发挥想象力。这就是为什么我们九种生态中心不仅育种、耕田，还开办学校、培养想象力。

您认为，在未来，人们的世界观会转变吗？

会。在接下来的几年中，我们会经历一次大规模的转变。这也是唯一能让我们生存下去的机会。有些征兆不会骗人。首先，目前的经济秩序建立在无限度的增长之上，这样的经济正在走向崩溃。金融危机不断反复就是最好的证明：一个体系，过于重视虚拟交易，不顾人类和地球环境，是不可能长久存在的。可这种秩序如今还存在，仅仅是因为公共资金一直源源不断地用于援助银行和私企，而不是用于环保和济贫。此外，对民众和资源进行掠夺的暴力行动逐步升级，也是一个因素。在印度中部和其他发展中国家，这种暴力尤其显而易见。我们亲身经历过、目睹过。

印度的动员能力很强，在其他国家也是如此吗？

是的，特别是气候变化问题显现以来，民众的意识已普遍觉醒。气候变化这一现象表明，消费社会使人类在生态领域和社会生活上付出了沉痛的代价，而一种近乎专制的制度却有意将其掩盖。自此，民众被广泛地动员起来，他们保持警惕，时刻准备行动，包括在发达国家也是如此。2008年，正值银行业危机，一夜之间就爆发了"占领"运动。参与者们做好了准备，因为已经知道当时的金融体系危在旦夕。他们始终保持警惕，组织纪律性很强，自我管理得非常好，也正是处于一种我们之前提到过的"过饱和"状态：已经忍无可忍。这种动员如此快速，如此高效，表明舆论如同行军队伍已站好了队列，时刻准备行动。有些参与者没有工作，还有的收入颇高，但他们都有着同样的使命：揭露不顾一切发展经济的弊端。那些觉醒的民众中，并不只有生活不稳定的人，这一点，我们在地球大学里也发现了，前来学习的人，他们的身份也在发生着变化。最近，在一期以生物农业为主题的培训中，有三名学员来自金融界高层。他们都表示，自己挣了大钱，但就算把这些钱花完了，也并不会感到快乐。和许多人一样，他们也发现，在达到一定的富裕程度时，金钱和满足感，就没有直接的联系了。

运动规模不断扩大，政府会怎样回应呢？

各国政府都很清楚，这样的全民动员行动会打破政治机构的常规，凭借其高度的自治性不断壮大起来。南非作家大卫·哈洛斯在《有毒的财富》^①一书中揭露了一个事实：美国正在为一场"第四代战争"做准备，这场战争反对的不是敌国，而是与其为敌的普通公民。这将是一场持久战，无论是谁，运动积极分子也好，没有稳定收入的公民或移民也罢，只要威

---

① 《有毒的财富》：夸祖鲁—纳塔尔大学出版社，2011 年。

胁到了现有的经济秩序，就会成为他们的打击对象。这样的行动计划实在是危险，因为我们即将经历多重考验：原料不断匮乏，自然灾害更加频繁，这些都会引发恐慌。然而，采用暴力，只能使局面更加恶化，造成混乱，甚至会导致独裁的出现。但与此同时，另一种局面也可能出现，那就是，有一群人，他们深知现有体系的局限性，明白变革刻不容缓，他们会团结起来，改变现状。而如今的我们，正处于十字路口。

个人生活与非暴力主义

在您所受的教育中，非暴力主义和甘地主义占有何种地位？

宽容、非暴力、公民不服从，这些价值观在我们家族中可谓根深蒂固。我外祖父的事迹就是个很好的例子。以这些价值观为指导的生活方式，尤其体现在日常活动和一贯的行为当中。我们家不吃肉，不喝酒，生活俭朴，包括在着装上也是如此：我父亲，同样的衣服可以穿好几年。但他从来不会为了显示自己的俭朴作风，刻意衣衫褴褛。他衣着得体，甚至还有一种自然脱俗、无可否认的优雅。我的母亲，只穿手工制作的棉布衣。也许有人在这样的描述中看到一种紧衣缩食的生活，其实不然。我们的家，就是一个名副其实的蜂箱，那些需要帮助的环保卫士知道这里对他们敞开大门、热情欢迎、包吃包住。于是，我的母亲融入这样一种集体生活中，她大力支持各种运动，哪怕跟自己的过往经历毫无关系。

她接触到的人中，有穆斯林妇女、缅甸难民，还有印度贱民的孩子，等等。人来人往中，母亲结识了一些人物，如米拉本和莎拉·本，还有曾经是甘地身边最亲近的伙伴，他们陪伴甘地二十余载，与我母亲也结下了深厚的友谊。除此之外，还有一些国大党的成员，其中包括英迪拉·甘地。

您是一位全情投入、战斗力特别强的环保卫士，那么，您怎样处理和对手之间的关系？在这场持久战中，您是如何做到让自己不受恶势力影响的？

我认为，奉行非暴力主义，首先得说实话。因此，我尽量用一种简单朴实的语言与人对话，尽量做到语意明确、言简意赅。我喜欢直奔主题，最终要完成的任务就是我的目标。这样也可以鼓舞人心，尤其是由我来开展一些运动，且亲自参与其中。因为对于每个人来说，要想投身于一项事业并行动起来，首先要能清楚地看问题，这很重要。环保之战中，我主要面对的是一些私企。今时今日，我在思考一个问题，那就是怎样读懂企业这样一种抽象的经济实体。他们跟人不一样，但我们却给了他们与人相同的身份地位。我承认自己可以坐在一位孟山都高管的桌前，与他善意交谈，也能做到像你我现在谈话一样，自然放松。但如果反过来，让我把孟山都公司这一经济实体当作一个人来对待，要对其友善，还要与其握手，那是我连想都不会想的事，跟他握手，绝无可能。

您此话怎讲？企业的身份地位有什么问题吗？

要想明白这个问题，我们必须往回看。您知道，"有限责任公司"这一概念最先是在印度东部提出来的吗？在这之前，肯定也有公司、有贸易，但"有限责任公司"这一模型是伴随着殖民活动出现的。当轮船满载着印度香料或拉美黄金，驶出港口，交易就已经达成：如果满载黄金的船只顺利到岸，黄金就归收货商人所有。但如果船只在海上遇难或遭海盗劫掠，损失就由国家承担。"有限责任公司"就是这么来的。这种模式，实际上就是将收益私有化，损失社会化。如今，收益的私有化，让少数富人挥霍无度、行为怪异，而损失的社会化，则让公共财产和地球遭受破坏。

因此，阐明这些抽象的概念，非常重要，甚至是重中之重。这种公司模式的出现表明，作为地球上的一种生物，我们在心理上是有问题的。而今，经济无限增长，视企业为个人，视利为宝。我们也都忘记了，其实这些都是人为制造出来的，而我们却肯定地说，这就是事实。我们正在摧毁奇妙真实的大自然，而让这些抽象的事物获益，我们忘记了，它们只是一种手段而已。人类，在这一过程中，彻底残废，民众除了相信，别无他念。我们始终都应该将保护地球、自由和民主作为行动的宗旨。这是我们应该坚守的原则。为使心理恢复健康，必须与过去决裂，并且说："我们不能再受这些企业的控制了。"整个体系应当由公民来掌权。

当您提到和对手之间的关系时，您从来不谈自己，也从来不说在何种情况下您才会将跨国企业的暴力问题暂时搁置。什么时候您才能跳出行动主义者这一角色，休整身心，重获动力呢？

我很少能跳出这一角色，因为我必须承认，娱乐消遣根本吸引不了我，除了看书。我阅读量很大，尤其是在旅行时，我的包里，总是装满了书。然而，我所读的书多半与我关注的焦点有关，我不怎么爱看科幻小说，而偏爱纪实的文章。我从书中看到或从别人口中听到的真实故事，尤其是印度本土发生的事情，是那么的富有戏剧性，相比之下，科幻小说对我来说，都显得平淡无奇、令人厌倦。我和亲朋好友，或是和姐姐米拉、哥哥库尔迪普的谈话，对我来说，就算是消遣了。有他们在，我就真的能够放松下来，因为他们是我的精神支柱。我在宣讲、诉讼或游行的间隙，和他们在一起的美好时刻，都能让我身心得到休整，从而获得新的动力，继续前行。总之，我的兄弟姐妹、我所有的亲人，都各自以不同的方式参与到九种基金会的方方面面。因而可以说，我的生活就是工作，工作就是生活，两者不可分割。

然而，哪怕是最艰苦的斗争，如反孟山都之战，从来都不会困扰我。事实上，它们在我的精神世界中，只占据了一小部分空间而已。比如说，我来到九种基金会的农场时，置身于田间，那些烦恼我统统都能抛之脑后。在这里，我觉得最轻松。我的大脑自然而然地就去思考农场的各项活动，比如，怎样在道路两旁种满鲜花？离餐厅最近的花园该怎样打理，才能便于参观者在那里用餐？……我想让所有来到这里的宾客，都有一种深处自然的感觉。

除了自然环境，您觉得，在这里，还有什么给您带来这种舒适的感觉呢？

学员们给这个地方带来了一种非常特别的氛围。他们来自世界各地，日本、美国、欧洲，当然还有印度。他们都喜欢我们农场这种简单的生活方式：三到五人合住一间寝室，每个人都参与到活动中来，如生产我们日常所用的食材、制作素食、刷盘洗碗。除此之外，我们也组织了瑜伽课、声乐或音乐课程。但学员们多半是来接受专业培训的，偏重于获取实用性强的知识，或对于生态转型来说必不可少的哲学知识。

我本人很乐于教授不同主题的课程，如"生态农业面面观""甘地和全球化"。我们采用小班教学模式，一个班只有十几个人。这样，我们可以给每个学员进行单独辅导，尤其是对那些想为自己公司或个人生活创建生态计划的人。因此，所有想来我们杜恩河谷农场作短暂逗留的人，包括想来见我、听我课的人，我都诚邀他们来到地球大学。我们将有机会在杧果树下谈笑风生，在稻田边闲庭信步。这所大学，它生发出来的特殊能量，来自田间多样的物种，也来自参观者们所制订的多种计划。就像我们组织的标志——九颗种子一样，哪里的自由受到威胁，我们就要将在这里交流的想法传播到那里去。愿这些想法能为建立一个焕然一新、重归和平、坚不可摧、繁荣昌盛的社会做出贡献！

致谢

衷心感谢西里·迪翁发出倡议，感谢玛雅·戈布尔敦给我的帮助和关照，感谢九种基金会全体成员的接洽，感谢导演吉姆·贝克特，感谢卡米拉·丹顿和詹姆斯·惠特尼，我们在德拉敦互帮互助、共度美好时光，感谢阿伊戴·布莱松的倾情校对。

特别感谢奥利维埃·德·舒特在序言中提供准确详细的信息，言语铿锵有力。

最后，本书的问世离不开范达娜·席娃的耐心支持，她毫无保留地回答我所有的问题，与我分享经历，将她的过去全景展现在我的眼前。

绿色发展通识丛书 · 书目

GENERAL BOOKS OF GREEN DEVELOPMENT